AF627139

Das große Flipchart-Vorlagen-Buch

Sandra Dirks
Tanja Wehr

DAS GROSSE FLIPCHART-VORLAGEN-BUCH

ÜBER 180 VORLAGEN: VON AGENDA BIS EVALUATION FÜR MEETINGS, PRÄSENTATIONEN UND WORKSHOPS

mitp

Bibliografische Information der Deutschen Nationalbibliothek
Die Deutsche Nationalbibliothek verzeichnet diese Publikation in der Deutschen Nationalbibliografie; detaillierte bibliografische Daten sind im Internet über http://dnb.d-nb.de abrufbar.

Bei der Herstellung des Werkes haben wir uns zukunftsbewusst für umweltverträgliche und wiederverwertbare Materialien entschieden.
Der Inhalt ist auf elementar chlorfreiem Papier gedruckt.

ISBN 978-3-7475-0062-0
1. Auflage 2019

http://www.mitp.de
E-Mail: mitp-verlag@sigloch.de
Telefon: +49 7953 / 7189 - 079
Telefax: +49 7953 / 7189 - 082

Klimaneutral
Druckprodukt
ClimatePartner.com/18246-2304-1002

Lektorat: Sabine Schulz
Sprachkorrektorat: Petra Heubach-Erdmann
Satz: Petra Kleinwegen
Druck: ADverts in Riga, Lettland

INHALTSVERZEICHNIS

Zu den
Flipcharts

ÜBERSICHT ALLER FLIPCHARTS

In diesem Buch haben wir über 180 Flipchartvorlagen zusammengestellt, die du in Kapitel 5 findest und die dort – im Wesentlichen nach Motiven – alphabetisch sortiert sind.

In diesem zusätzlichen Inhaltsverzeichnis hier findest du alle Flipcharts zusätzlich in klein abgebildet, damit du dir einen Überblick verschaffen kannst. Sie sind hier nach Einsatzzweck sortiert, für den Fall, dass du Flipcharts für einen bestimmten Einsatz suchst.

Das so zu sortieren, war gar nicht so einfach, weil du manche Vorlagen sozusagen für fast alles benutzen kannst. Am Ende haben wir die Flipcharts so zugeordnet, wie wir sie bereits selbst eingesetzt haben. Auf den Doppelseiten in Kapitel 5 mit den großen Vorlagen findest du dann noch verschiedene weitere Informationen oder ergänzende Visualisierungen.

Bei den Einsatzzwecken haben wir uns zur besseren Übersicht auf 10 beschränkt. Wir wissen, dass es da noch viel mehr Möglichkeiten gibt. Dies sind die von uns gewählten Kategorien und die Flipcharts für diese Einsatzzwecke findest du hier in dieser Reihenfolge im Überblick:

Begrüßung – Agenda/Pause – Arbeitsanweisung/To-do – Ideensammlung/Themenspeicher – Wissensvermittlung/Information – Strategie/Planung – Unternehmensstruktur – Standortbestimmung – Ergebnis – Evaluation/Feedback

Eine genauere Erläuterung dieser Begriffe findest du am Anfang von Kapitel 5.

Eine genaue Erläuterung zum Aufbau des Buches findest du in der Einleitung.

Hinten im Buch gibt es natürlich den Index. Dort findest du unter den verschiedenen Einsatzzwecken noch viele weitere Vorschläge zu Flipcharts, die du nach ein bisschen Variation ebenfalls für den entsprechenden Einsatzzweck verwenden kannst.

BEGRÜSSUNG

Seite 119

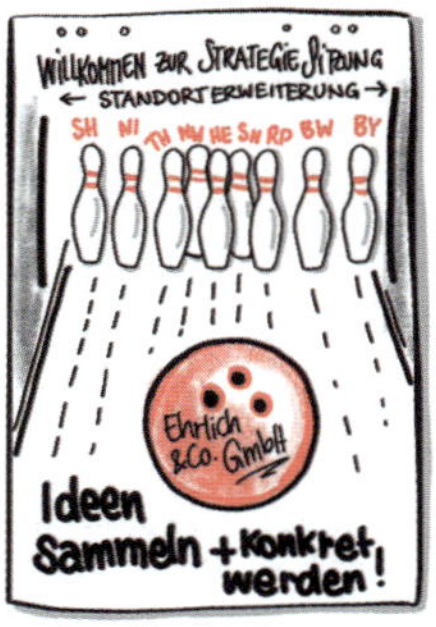

Seite 131

Seite 132

Seite 162

Seite 163

Seite 195

Seite 219

Seite 244

Seite 250

Seite 259

Seite 263

Seite 274

Übersicht aller Flipcharts

Seite 275

Seite 280

AGENDA/PAUSE

Seite 120

Seite 125

Seite 143

Seite 157

Seite 160

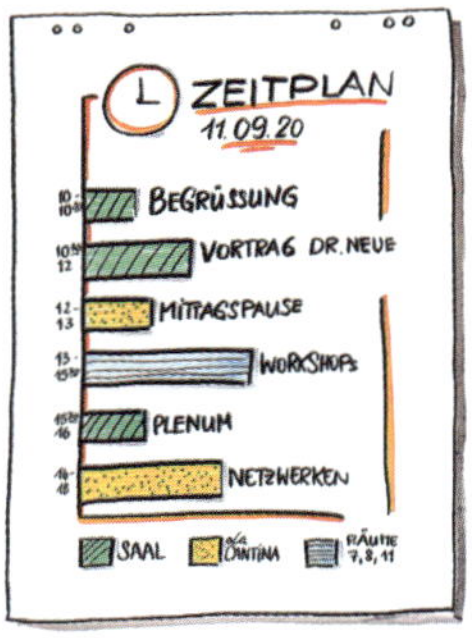

Seite 166

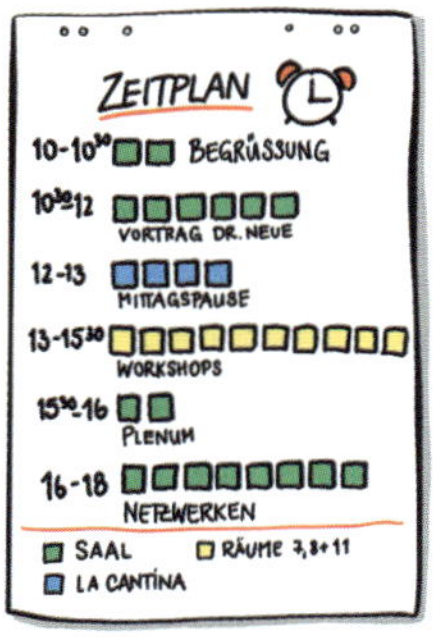

Seite 167

Seite 167

Seite 175

Seite 178

Seite 228

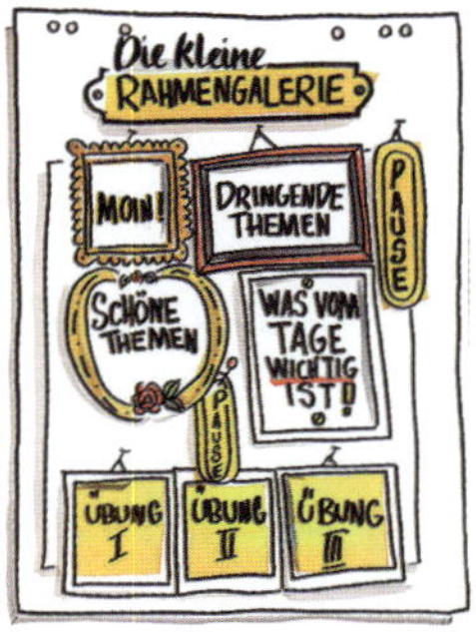

Seite 237

Seite 240

Seite 246

Seite 258

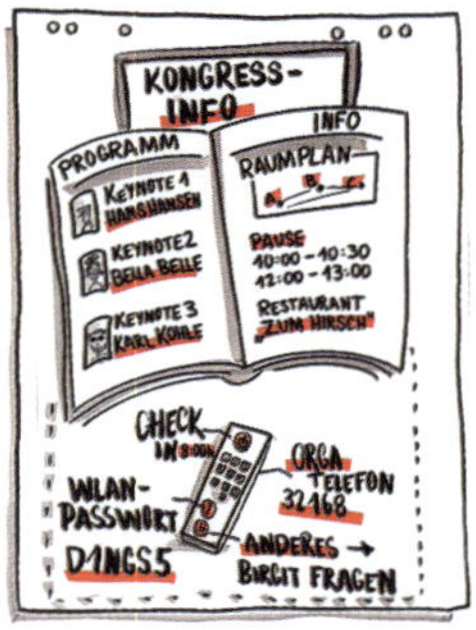

Seite 276

Seite 286

Seite 292

ARBEITSANWEISUNG/TO-DO

Seite 117

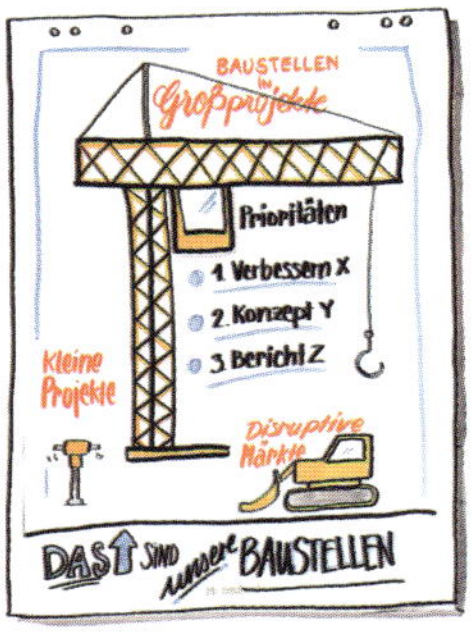

Seite 122

Seite 151

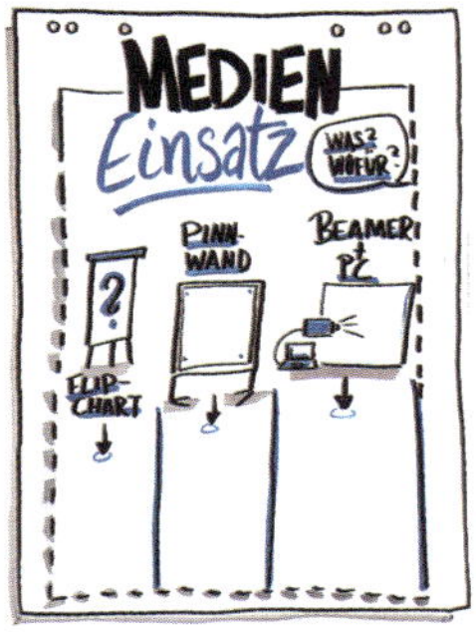

Seite 157

Seite 174

Seite 190

Seite 202

Seite 214

Seite 234

Seite 235

Seite 248

Seite 249

Seite 251

Seite 252

Seite 253

Seite 254

Seite 255

Seite 256

Seite 260

Seite 264

Seite 268

IDEENSAMMLUNG/THEMENSPEICHER

Seite 136

Seite 138

Seite 139

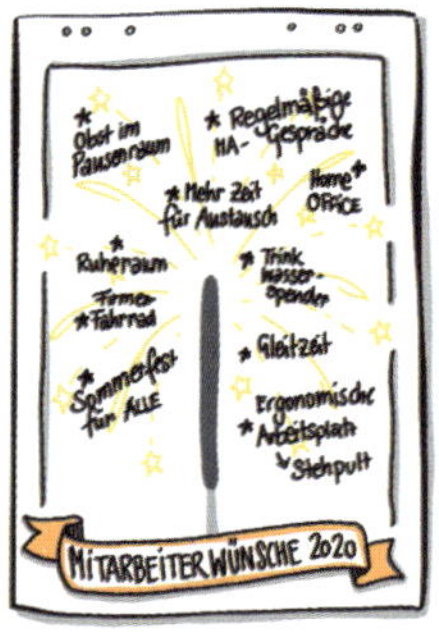

Seite 155

Seite 172

Seite 173

Seite 173

Seite 177

Seite 189

Seite 201

Seite 203

Seite 204

Seite 205

Seite 210

Seite 211

Seite 215

Seite 220

Seite 221

Seite 224

Seite 236

Seite 241

Seite 245

Seite 257

Seite 261

Übersicht aller Flipcharts

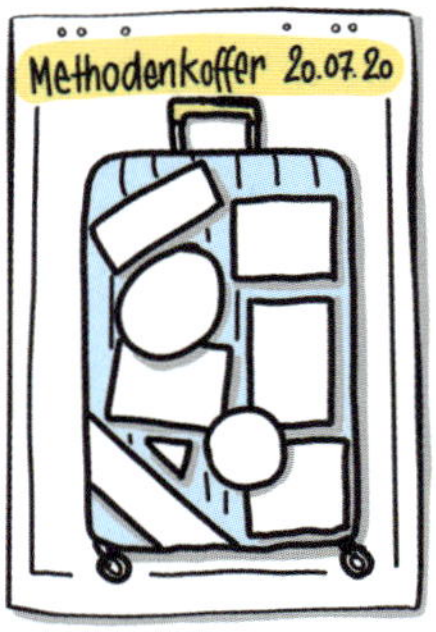

Seite 271

Seite 293

WISSENSVERMITTLUNG/INFORMATION

Seite 118

Seite 123

Seite 126

Seite 127

Seite 128

Seite 129

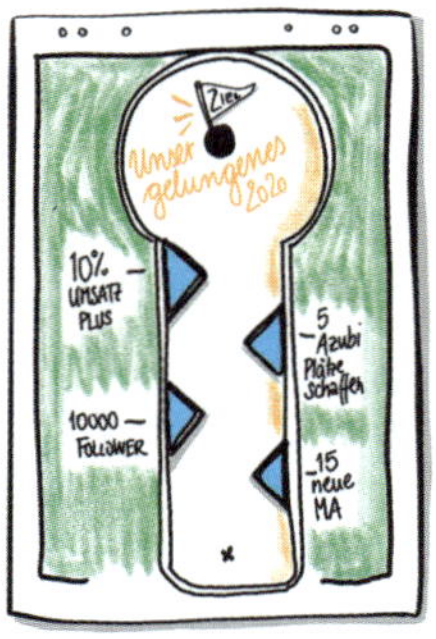

Seite 131

Seite 142

Seite 143

Seite 145

Seite 146

Seite 147

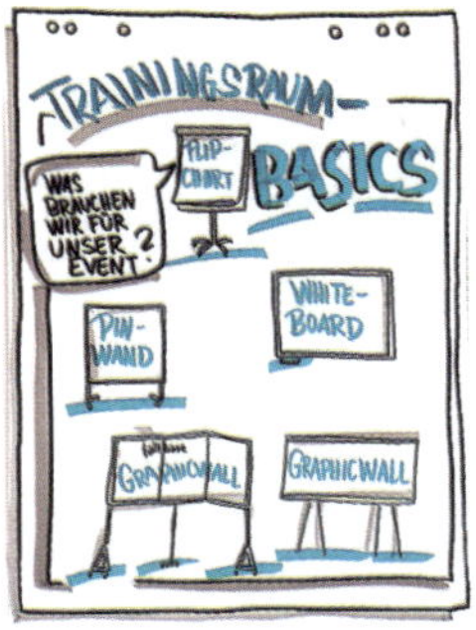

Seite 156

Seite 158

Seite 161

Seite 168

Seite 169

Seite 169

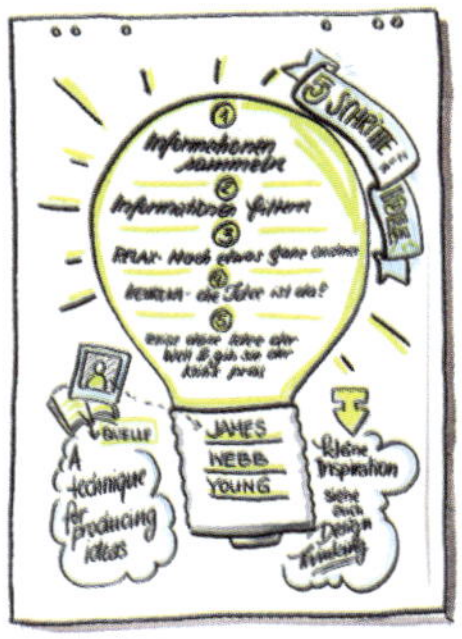

Seite 170

Seite 186

Übersicht aller Flipcharts

Seite 187

Seite 191

Seite 196

Seite 197

Seite 200

Seite 206

Seite 208

Seite 209

Seite 213

Seite 218

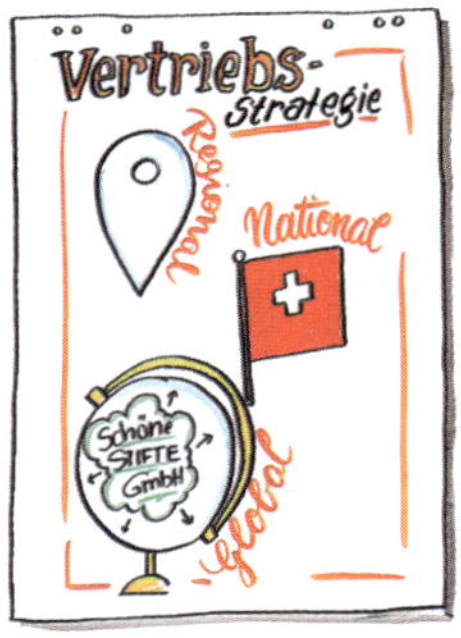

Seite 226

Seite 227

Seite 239

Seite 242

Seite 243

Seite 262

Seite 270

Seite 273

Seite 288

Seite 289

STRATEGIE/PLANUNG

Seite 119

Seite 124

Seite 135

Seite 148

Übersicht aller Flipcharts

Seite 152

Seite 153

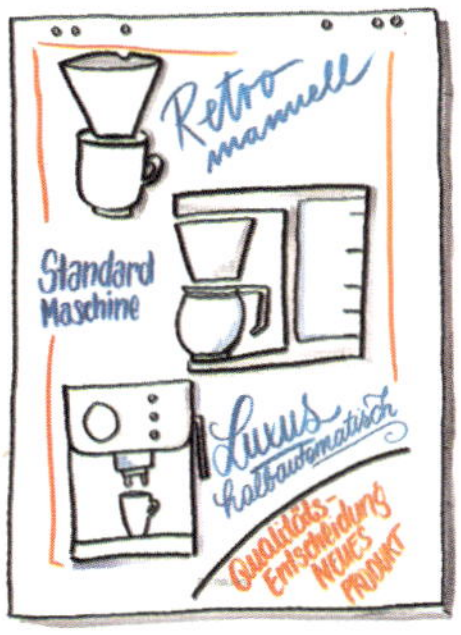

Seite 180

Seite 184

Seite 185

Seite 192

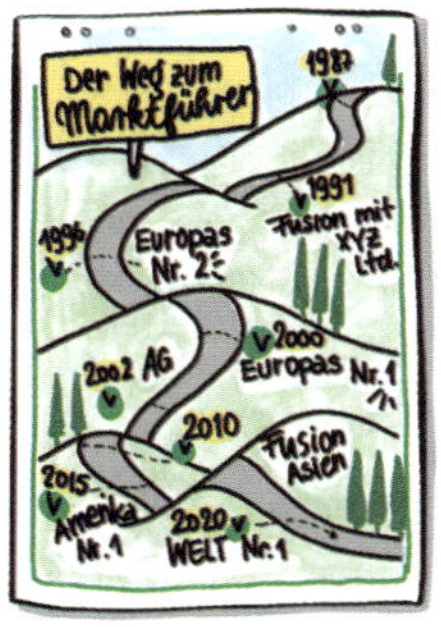

Seite 207

Seite 216

Seite 217

Seite 257

Seite 278

Seite 279

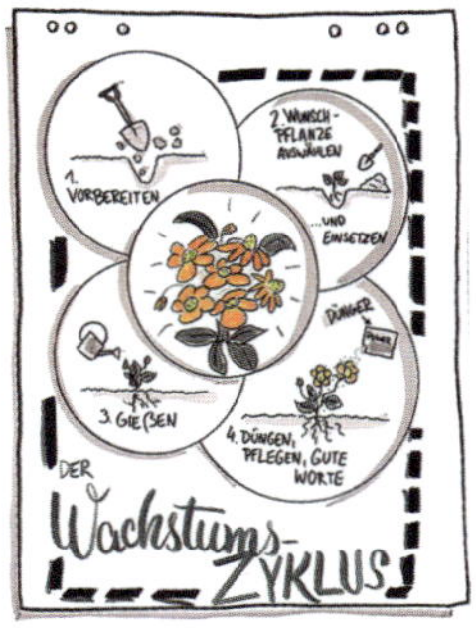

Seite 282

Seite 283

Seite 284

Seite 287

UNTERNEHMENSSTRUKTUR

Seite 134

Seite 164

Seite 165

Seite 179

Seite 194

Seite 198

Seite 272

Seite 287

STANDORTBESTIMMUNG

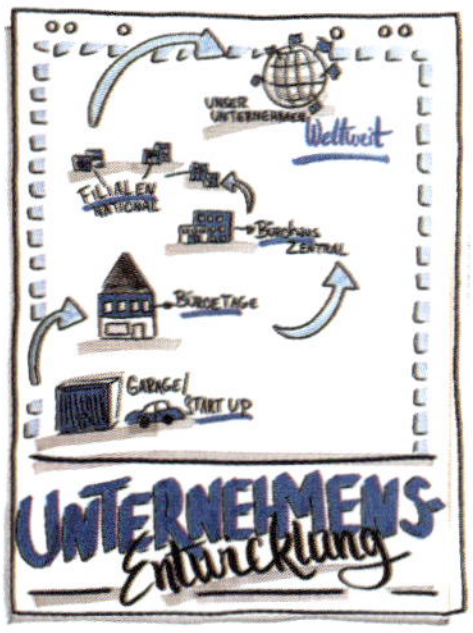

Seite 149

Seite 181

Seite 182

Seite 188

Seite 212

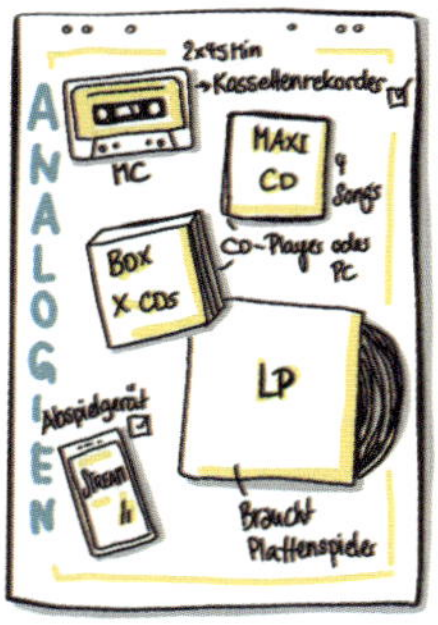

Seite 231

Seite 238

Seite 277

Seite 290

Seite 291

Seite 291

Seite 291

ERGEBNIS

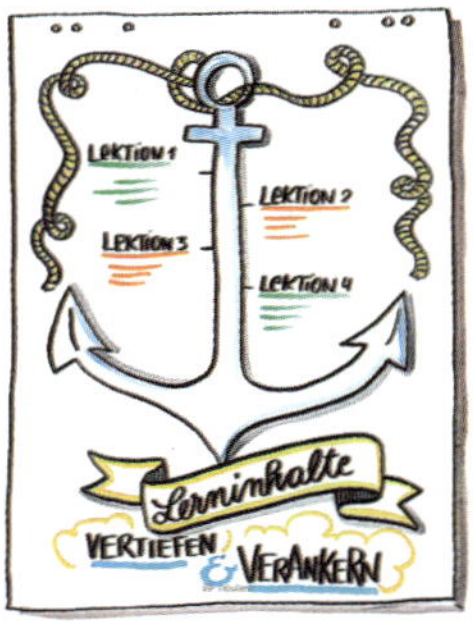

Seite 116

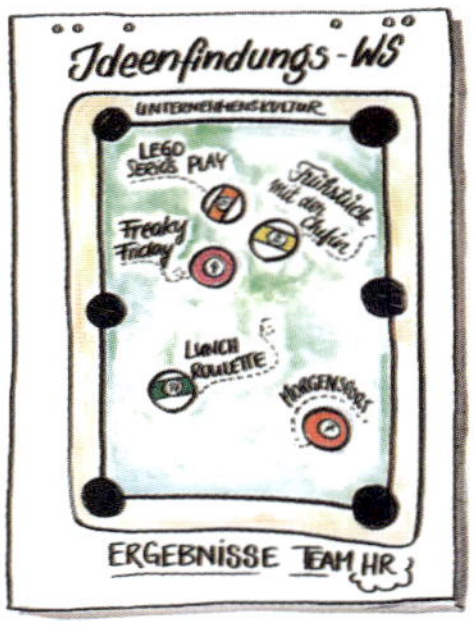

Seite 130

Seite 154

Seite 171

Seite 171

Seite 176

Seite 232

EVALUATION/FEEDBACK

Seite 121

Seite 140

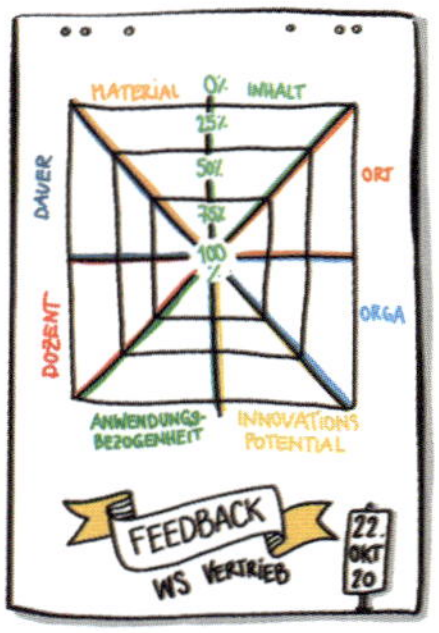

Seite 141

Seite 141

Übersicht aller Flipcharts

Seite 144

Seite 145

Seite 150

Seite 222

Seite 230

Seite 231

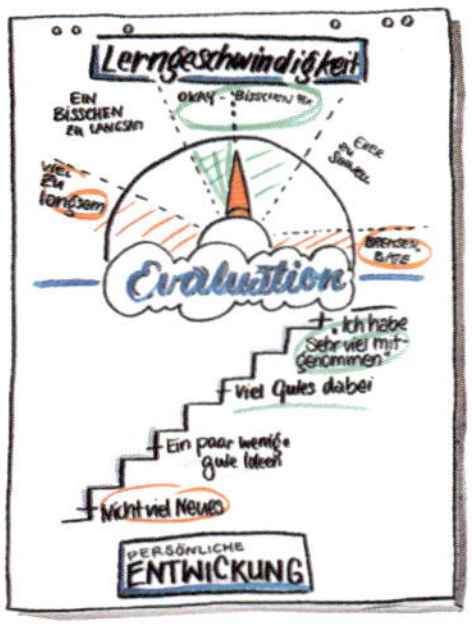

Seite 266

Seite 267

Seite 269

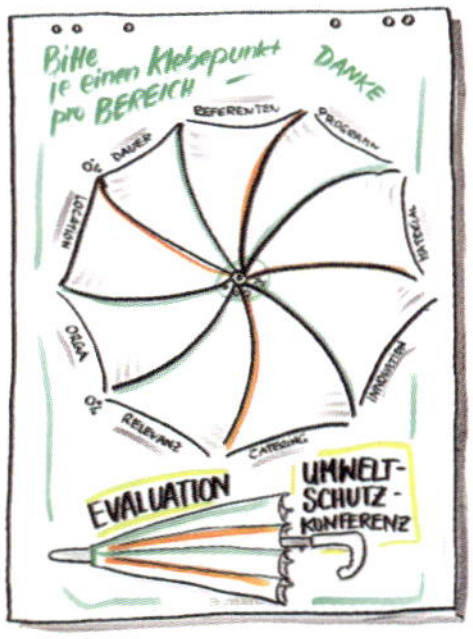

Seite 285

Vorwort aka Autorinnen-Senf

Ganz lieben Dank an Sabine für Schneemann, Zitronenscheibe und UKZNDRIO.

TANJA GIBT IHREN SENF DAZU

Flipcharts sind eines meiner liebsten Medien, wenn ich mit Gruppen arbeite. Leider komme ich aber oft in Firmen und sehe dann, dass Flipcharts zwar reichlich verwendet werden, aber selten wirklich gut. Gut bedeutet: lesbar, übersichtlich, verständlich und im besten Fall noch so cool aussehend, dass man als Betrachter neugierig wird. Wenn ich dann meine Flipcharts zeige, kommen viele Rückmeldungen, die alle so anfangen: Das würde ich auch gerne können, aber ...

Und diese »Abers« im Einzelnen sind:

1. und 2. kriegst du sehr gut in den Griff, wenn du mit geeigneten Vorlagen übst. Um bei 3. und 4. Abhilfe zu schaffen, kannst du nun dieses Buch nutzen, denn es bietet eine große Fülle an unterschiedlichsten Vorlagen. Die selbsterdachten und im eigenen Stil visualisierten Charts sind natürlich die

Königsklasse am Flipchart, aber die Realität sieht in den meisten Situationen anders aus. Du sollst möglichst ohne Zeit und Vorbereitung und am besten noch in einer Moderationsrolle parallel mal so eben sinnvolle und gut strukturierte Flipcharts erstellen. Bei vielen meiner Teilnehmenden kommt dann die größtmögliche Frustration auf. Gehetzt wird dann irgendwie der Inhalt zu Papier gebracht und am Ende ist es weder gut zu lesen noch übersichtlich und irgendeine arme Seele muss es dann noch abtippen, damit die hieroglyphischen Erkenntnisse nicht verloren gehen.

Damit ist jetzt Schluss! Ich habe mich mit der wunderbaren Sandra Dirks zusammengetan, denn sie ist seit jeher meine Flipchart-Heldin und ich liebe ihren Flipchart Friday so sehr. Und gemeinsam haben wir Herz, Hirn und unsere Erfahrung in einen Topf geworfen und dieses Werk erdacht, visualisiert, strukturiert und das Ergebnis hältst du nun in Händen. Goethe hat mal die schönen Worte gesagt: »Erfolg hat drei Buchstaben: TUN!«

In dem Sinne viel Spaß mit unserem Buch und nicht vergessen: einfach anfangen.

Tanja

SANDRA GIBT IHREN SENF DAZU

Vor dir liegt jetzt endlich »Das große Flipchart-Vorlagen-Buch«. Bereit, es zu entdecken?

Mal ganz nebenbei bemerkt: Am Flipchart kommst du nicht mehr vorbei, das ist ein Trend. Vielleicht hast du dir auch schon das eine oder andere Buch gekauft, um dich mit dem Thema näher zu beschäftigen?

Du machst dir ein paar Skizzen, aber so ein Flipchartblatt ist riesengroß. Du überlegst, wo du Text und Bild platzierst, damit es gut aussieht und die Teilnehmer anspricht. Das ist eine gute Idee, aber der Blick auf die Uhr sagt dir, dass du keine Zeit dafür hast. Also schreibst du einfach drauflos. Vielleicht traust du dich auch nicht, deine Skizze auf das große Blatt zu bringen? Schließlich willst du kein Blatt vergeuden. Also schreibst du deine Informationen einfach drauf. Text, einfach so, alles was drauf passt.

Wolltest du deine Geschichte nicht visuell unterstützen?

Egal, dafür ist jetzt keine Zeit. »Das muss so gehen.«, denkst du, während du dich mit dem Flipchart unterm Arm auf den Weg in deine Veranstaltung machst.

Genauso geht es dir? Mir ist es früher auch schon oft so ergangen. Ich habe mich nach Vorlagen umgeschaut, aber welche zu finden, war eher Glückssache und die wenigen Ideen fand man dann schnell überall.

Irgendwann habe ich angefangen, mir einen eigenen Fundus anzulegen, Vorlagen zu sammeln, sie für mich anzupassen, sie mutig zu verändern. Das war ein großer Zeitaufwand, der sich über Jahre hingezogen hat. Darüber habe ich gebloggt und nach und nach wurde dies zu meinem Hauptjob.

Vor vier Jahren habe ich mit dem Flipchart Friday auf YouTube begonnen. Erst mit der Idee, Motive zu teilen. Dann kam die Idee dazu, ganze Flipchart-Layouts für Methoden oder Informationen zu erstellen.

Beim Auswerten der Zugriffe und des Feedbacks zu diesen Layouts fiel mir auf, dass Vorlagen für Methoden oder Aufgaben besonders viele Zugriffe hatten. Ich habe viel positives Feedback erhalten und viele Fotos von um- und eingesetzten Ideen bekommen. Das hat so viel Freude gemacht. Danke dafür an alle, die das mit mir geteilt haben.

Als die wundervolle Tanja Sketchnotelovers dann anrief und mich fragte, ob ich nicht Lust hätte, mit ihr an genau so einem Buch über Flipchart-Vorlagen zu schreiben, da war ich total begeistert und total aus dem Häuschen. Ich hopste sogar! Jaaa, Dankeschön dafür! Es hat sooo viel Spaß gemacht, das Buch mit dir zusammen zu gestalten.

Du siehst, es ist Zeit für so ein Buch, um dir einerseits Inspiration zu liefern und dich andererseits zu eigenen Ideen zu inspirieren.

In diesem Buch … Vorlagen, Dings mit ALLES!

Los geht die Reise …

Sandra

EINLEITUNG

Liebe Leserinnen und Leser,

Herzlich Willkommen im großen bunten Universum der Flipcharts. Wir wollen dich auf den nächsten Seiten mitnehmen in unsere visuelle Welt und dir zeigen, was uns alles so vom Kopf, in die Hand, in den Marker und schließlich aufs Papier fließt. Also Augen auf, Stift in die Hand und lass dich inspirieren.

Natürlich ist der Idealfall der, dass wir zwei Wochen vor einer Präsentation einen kompletten Tag zur Verfügung haben, um uns Gedanken darüber zu machen, wie wir unser Thema vermitteln wollen und dann auch noch Zeit und Muße haben, um diese Ideen auf dem Flipchart in die Tat umzusetzen. Aber mal Hand aufs Herz, der Arbeitsalltag sieht doch anders aus. Husch, husch, schnell, schnell muss geliefert werden. Dass dabei manchmal die Kreativität auf der Strecke bleibt, wundert hier doch niemanden. Dieses Buch ist für alle, die das oben beschriebene Szenario nur zu gut aus ihrem Arbeitsalltag kennen und alle die, die gerne Flipcharts gestalten wollen, die hilfreich sind, und bei denen die Themen so vermittelt werden, dass sie besser im Gedächtnis bleiben, weil sie einfach cool aussehen und trotzdem den Inhalt auf den Punkt bringen. Aber auch für alle, die - so wie wir - einfach Flipcharts lieben und sich gerne mit diesem wunderbaren vielseitigen Medium auseinandersetzen. Wir hoffen, dass wir dir mit diesem Buch an der einen oder anderen Stelle mit Rat, Tat und Inspiration und Ideen zur Seite stehen können.

ZUM AUFBAU DES BUCHES

Für den Fall, dass du zu den Menschen gehörst, die das **Vorwort** nicht lesen, möchten wir dies hier trotzdem noch einmal empfehlen... Und nur zur Info: wir lesen Vorworte nämlich normalerweise auch nicht, fangen aber heute damit an, weil es doch überraschend informativ und kurzweilig sein kann – also blätter doch einfach nochmal zurück. :)

Das **Kapitel 1 »Material«** dreht sich komplett um unser Suchtmittel Nummer 1: Stifte und Papier. Oder kurz: hier findest du alle möglichen hilfreichen Tipps rund um unser Material. Sei es über Marker und warum die doofen Keilspitzen eigentlich doch ziemlich genial sind, wie du sie hältst, auch wenn du Linkshänder bist, und derlei andere Infos, die dich binnen Kurzem zum hoffnungslosen Stifte-Nerd machen werden, aber du bist dann bei uns in guter Gesellschaft.

Danach geht es ein wenig ans Eingemachte und wir zeigen dir in **Kapitel 2 »Aufbau«** unser geheimes Superwissen rund um den Blattaufbau und unsere goldenen Regeln der Flipchartwelt. Du erhältst Einblick in die Weisheit, die wir zusammen in mehr als 30 Jahren praktischer Anwendung angesammelt haben. Keine Sorge, das ist nicht so langweilig und angestaubt, wie es jetzt klingt.

In **Kapitel 3 »Hilfsmittel«** haben wir einen kleinen Rundumschlag zu Hilfsmitteln zusammengetragen. Hier findest du lauter Krimskrams, der zu allen Flipcharts passt und dir immer aus der Patsche hilft, wenn du findest, dass da noch ein wenig mehr Pepp rein könnte. Von Aufzählungszeichen über Pfeile, Rahmen, Strichmännchen und einem Hinweis zur Schrift kannst du hier kurz und knapp ein buntes Sammelsurium finden.

Das bunte **Kapitel 4 »Goldene Regeln«** beinhaltet 11 unserer wichtigsten Empfehlungen für einen guten Start in deine Flipchart-Karriere. Wenn du diese beherzigst, zack, ist das die Hälfte der Miete.

Kapitel 5 »Vorlagen« ist der Kern des Buches, dieses besteht aus einer geballten Ladung an Vorlagen, Bildsymbolen, praktischen Tipps und Strich-für-Strich-Anleitungen.

Wir haben uns viele Gedanken gemacht, was wir dir zeigen wollen, was in dieses Buch soll und welche Vorlagen für dich hilfreich sind. Wichtig war für uns dabei immer, dir Inspiration für Vorlagen zu geben, die du in deinen Präsentationen gut verwenden kannst.

Viele unserer Vorlagen haben zahlreiche, teilweise auch etwas komplexere Bildmotive. Das hat seinen Grund. Erstens stehen wir beide auf dem Standpunkt, dass du ein Flipchart nicht nur zum Sammeln von zugerufenen Stichworten nutzen solltest, sondern damit auch Inhalte sichtbar machen kannst, die schon vorab fertig waren, quasi als analoge PowerPoint, denn das ist viel besser für die Aufmerksamkeit der Teilnehmenden. Wir wollten eben nicht nur Ideen für »Titel – Spiegelstrich – Flipcharts« geben, denn dann würde ein kleiner Flyer reichen und dieses Buch wäre überflüssig. Und zweitens sind Bilder einfach wunderbar für die Aufmerksamkeitsbindung.

Nachdem wir alle unsere Ideen zu Papier gebracht haben, stellte sich die große Frage nach der Reihenfolge und Struktur im Buch. Und das hat uns dann ganz schön ins Schwitzen gebracht.

Warum?

Das liegt daran, dass der Vorlagenteil des Buches als Doppelseiten aufgebaut ist. Auf der linken Seite findest du ein groß abgebildetes Flipchart. Auf der rechten Seite findest du ganz viel Verschiedenes, das dazu passt. Das können entweder Varianten des Motivs (zum Beispiel diverse Flipcharts, in denen maritime Bildsymbole verwendet wurden) oder des Einsatzzweckes (zum Beispiel andere Ideen rund um das Thema Evaluation) sein. Zusätzlich findest du auf der rechten Seite auch einige der aus der »Sketchnote Starthilfe« (zwei Bände, aus den Jahren 2016 und 2018, mitp-Verlag) bewährten Strich-für-Strich-Anleitungen, die dir helfen, kleine Bildsymbole einfach nachzuzeichnen, oder auch Erläuterungen zum Motiv, zum Einsatzzweck oder zu den Inhalten. Diese Doppelseiten findest du in Kapitel 5 und sie sind deshalb alphabetisch sortiert, weil eine ganze Doppelseite nicht eindeutig nur einem Einsatzzweck zugeordnet werden kann. Sieh dir einfach mal ein paar Seiten an und du wirst sehen, wie diese Seiten aufgebaut sind, und was sich so alles auf der rechten Seite einer Doppelseite tummelt.

Jede Doppelseite hat eine Überschrift, die benennt, was für ein Motiv auf dem Flipchart auf der linken Seite verwendet wird.

Wir haben uns dann letztendlich für eine alphabetische Sortierung nach den Motiven der Flipcharts auf der linken Seite entschieden. Denn wenn du ein Flipchart, das du im Buch schon gesehen hast, später noch einmal suchst, dann erinnerst du dich vielleicht eher daran, dass ein Kreuzfahrtschiff, ein Bienenkorb oder ein T-Shirt abgebildet war. Die Sortierung nach Einsatzzwecken wäre aufgrund von Dopplungen einfach recht komplex geworden.

Damit du dich gut im Buch orientieren kannst, haben wir uns überlegt, dir am Anfang des Buches eine zusätzliche Übersicht zu geben. In dem **Flipchart-**

Index sind alle Flipchart-Vorlagen aus dem Buch, egal ob sie auf der linken Seite oder auf der rechten Seite sind, in klein abgebildet und nach Einsatzzweck sortiert, ohne viel Brimbamborium. Wenn du also eine Agenda gestalten willst, findest du hier auf einen Blick alle Agendavorlagen. Oder du suchst noch Ideen für mögliche Evaluations-Flipcharts? Du findest hier auf einen Blick alle Flipcharts zu diesem Einsatzzweck.

Zum **Abschluss** findest du noch ein paar allgemeine Tipps, die deinen Weg in eine unkomplizierte und stressfreie Zukunft als Flipchartmaster ebnen und dich hoffentlich zum Üben animieren. Und wirklich wirklich zum Schluss kommt dann noch der Index, der sich wirklich lohnt ;)

ZUR ANWENDUNG DES BUCHES

Wie kannst du das Buch anwenden? Du kannst es auf mindestens drei Arten nutzen:

1. Du zeichnest einfach unsere Vorlagen eins zu eins ab. So einfach, so gut. Natürlich an den Stellen, wo wir Beispieltext eingefügt haben, mit deinen Inhalten, aber das ist ja eh klar. Also du kochst genau nach Rezept.

2. Du nimmst unsere Vorlagen und baust sie um und adaptierst sie für deine Zwecke. Aus einem Evaluationsvorschlag wird ein Willkommenschart oder aus einer Agenda wird eine Ideenfindung. Jede Umwandlung ist erlaubt und wir freuen uns. Du kochst also fast genau nach Rezept, aber änderst ein paar Zutaten und es gibt noch einen Salat dazu.

3. Du nutzt das Buch als Inspirationsquelle und bekommst eigene Ideen, nimmst aber vielleicht von der einen Vorlage den Aufbau und von einer anderen die Aufzählungszeichen und nutzt die Strich-für-Strich-Anleitungen wiederum in einer dritten Vorlage. Also du kochst ein Rezept, das nirgendwo steht, aber die vielen Zutaten hast du aus verschiedenen Rezepten zusammengesucht.

Und jetzt viel Spaß mit bunten Markern auf großem Papier wünschen dir

Sandra & Tanja

UND
jetzt
GANZ
viel
Spaß

KAPITEL 1

MATERIAL

Wir könnten jetzt sagen, dass du einfach nur einen Stift und ein Blatt Papier zur Hand nehmen musst, um die ersten Schritte zu machen, um zukünftig schöne Flipcharts zu gestalten. Grundsätzlich geht es darum, ins Tun zu kommen. Ja, das sollst du auch. Leg los.

Aber das ist nur ein Teil auf deinem Weg zu besonders ansprechenden Flipcharts. Der andere Teil ist das Material.

Wie in vielen anderen Bereichen und Fachgebieten gibt es auch hier eine Auswahl an Materialien guter Qualität, mit denen es viel Spaß macht, aktiv zu werden.

Das kennst du sicher auch vom Kochen, Nähen oder Handwerken. Mit den passenden Materialien siehst du viel schneller Erfolge und es macht ordentlich Spaß, an der Sache dranzubleiben.

In diesem Kapitel lernst du alle Materialien kennen, mit denen wir gerne arbeiten.

1.1 MARKER UND IHRE ANWENDUNG

Im Seminar erleben wir oft, dass Teilnehmer die Kappe eines Markers abziehen und Dinge sagen wie: »Oh, wie blöd!« oder »Och nö!«

Dann atmen sie tief ein, machen ein verächtliches Geräusch und setzen den Marker auf das Papier. Dabei setzen sie immer wieder an, schauen auf die Markerspitze, schütteln den Kopf und bringen etwas zu Papier. In diesem Fall gerne krakelig, schief oder irgendwie unkontrolliert. Kein Wunder, dass sie dann flipcharthassend mit hochgezogenen Schultern davor stehen und behaupten, dass sie das niemals gut hinbekommen werden, und obendrein sei so ein Flipchart auch gar nicht mehr zeitgemäß.

Kurz: Sie sind an eine Keilspitze geraten und wussten nicht, wie sie sie unter Kontrolle bekommen könnten.

Dabei braucht es nur ein paar kleine Tipps, damit das Schreiben damit gelingt. So sind wir auch hier schon beim ersten, aber wichtigsten deiner Marker angelangt, bei der schwarzen Keilspitze.

DIE SCHWARZE KEILSPITZE

Wozu brauchst du diese schwarze Keilspitze?

Marker mit der Keilspitze sind die Klassiker unter den Flipchartmarkern. Die Form erinnert an eine Kalligrafiespitze. Du kannst damit wunderbar perfekt lesbare Buchstaben auf dein Flipchart zaubern. Vorausgesetzt, du setzt die Spitze richtig auf das Papier.

Wenn du den Marker in deiner rechten Hand hältst, dann sollte die linke Seite deiner Keilspitze etwas höher liegen als die rechte Seite. Du setzt den Marker gerade auf das Papier und ziehst einen Strich nach unten. Wir sehen jetzt je nach Größe deiner Markerspitze einen mindestens 5 mm dicken Strich, der auch von Weitem gut gesehen wird. Diese Haltung veränderst du nicht, während du schreibst, denn du willst gut lesbare Buchstaben haben.

Die Keilspitze eignet sich hauptsächlich zum Schreiben. Zeichnen geht grundsätzlich immer, aber es wird dann etwas unregelmäßig dick und dünn, was es nicht so einfach macht. Außerdem ist die Keilspitze nicht so leicht drehbar, das macht das Zeichnen nicht leicht.

Woran liegt es, dass man mit der Keilspitze scheitert?

Das kann verschiedene Ursachen haben. Mit dem Wissen darüber und ein wenig Übung kannst du zukünftig ganz selbstverständlich damit umgehen.

Ein großer Fehler ist das Aufsetzen der Spitze im falschen Winkel. Setze die Spitze so auf, dass sie mit einem leichten 45°-Winkel auf das Blatt trifft. So kannst du die komplette Spitze aufsetzen. Das ist erst mal total ungewohnt, oder?

Ziehe einen geraden Strich nach unten, um dich zu fokussieren. Das ist deine Ausgangsposition, das ist die Haltung, die du einnimmst und immer beibehältst.

Wenn die Buchstaben es verlangen, dann schiebst du den Marker seitlich über das Blatt, aber die Handhaltung verändert sich nicht. Dadurch ergeben sich dann auch die schönen Buchstaben aus sehr feinen und breiten Strichen, die perfekt sind und für gute Lesbarkeit sorgen.

Verwende die schwarze Keilspitze zum Schreiben. Hier empfehlen wir die Marker von Neuland: den No.One mit der Griffmulde, die den Fingern keine andere Wahl lässt, als die richtige Haltung einzunehmen. Wenn du den Marker genauso festhältst und die Spitze glatt aufs Papier setzt, dann ergeben sich die Buchstaben ganz von selbst.

Ein weiterer Pluspunkt für diese Marke ist, dass du sowohl die Markerspitze austauschen, als auch den Marker nachfüllen kannst. Ganz nebenbei ein guter Plan für die Umwelt.

Wenn du damit ein wenig geübter bist, dann kannst du dir überlegen, das Handgelenk leicht zu drehen. So werden die sehr feinen Striche in deinen Buchstaben etwas kräftiger. Wenn du die Grundhaltung kennst und dich sicher fühlst, dann kannst du anfangen zu experimentieren.

Schau mal, wie gut lesbar sich deine Handschrift verändert, wenn du den Marker auf diese Weise nutzt. Wenn du mehr zum Thema Schrift lesen möchtest, dann verweisen wir hier an dieser Stelle auf andere Bücher, zum Beispiel auf die S. 146 in der »Sketchnote Starthilfe«.

Nicht fest genug aufgedrückt

Wichtig ist, dass du beim Schreiben immer mit dem gleichen Druck auf den Marker schreibst, damit die Buchstaben gleichmäßig werden.

Ein Flipchart ist verdammt robust, das kannst du mir glauben. Das kann schon gut aushalten, wenn du etwas mehr aufdrückst, mach dir keine Sorgen. Auch die Farbe schlägt nur auf die nächsten fünf bis zehn Seiten durch, wenn du den Marker viel zu lange auf eine Stelle drückst. Das ist aber nicht der Normalfall.

Übrigens, das Flipchart kann auch festgehalten werden, wenn nötig. Dazu trittst du auch möglichst nah an das Flipchart heran. Wenn du mit der rechten Hand schreibst, dann kannst du es mit der linken Hand festhalten und umgekehrt. Ich beobachte oft, dass jemand vor dem Flipchart steht, sogar mit größerem Abstand, und das Flipchart nicht festhält. Dann wird der Marker so vorsichtig angesetzt, als sei dies ein Skalpell für den richtigen Schnitt, um den Blinddarm zu entfernen. Aber nicht, um dann ordentlich aufzudrücken, sondern um mit halber Spitze unsicher über das Flipchart zu huschen. Klar, dass das keine selbstbewusst weithin sichtbaren sicher geschriebenen Wörter ergibt.

Beobachte dich mal, wie du dich dem Flipchart näherst. Kannst du noch einen Schritt näher dran gehen? Wo ist die Hand, die gerade nicht schreibt? Damit kannst du das Flipchart festhalten. Jetzt kannst du viel besser sehen, wie du den Marker aufsetzt. Du hast das Flipchart in der Hand, du hast die Kontrolle. Schau mal, wie sich dein Schriftbild dadurch gleich verbessert.

Warum die schwarze Keilspitze? Was ist mit den anderen?

Schwarz ist weithin gut lesbar. Ein wichtiges Prinzip auf dem Flipchart ist die Lesbarkeit. Denk an große Räume. Hier bist du mit Schwarz auf der richtigen Seite.

Es gibt dazu noch ungefähr 40 zusätzliche Farben. Die sind dazu gedacht, kleine Zeichnungen auf deinem Flipchart hervorzuheben oder deine Schrift zu akzentuieren. Wie wäre es mit einem Schatten, damit die Buchstaben noch besser rüberkommen? (siehe Abschnitt 2.4, »Farbe und Schatten«)

TIPP Nutze die schwarze Spitze für die Sichtbarkeit und Lesbarkeit. Nutze die bunten Farben als zusätzlichen Booster, der dein Flipchart cool, schön oder einfach ansprechend macht.

DER BRUSHMARKER

Mittlerweile gibt es den Marker auch mit einer Pinselspitze. Passend zum Lettering-Trend, kannst du diese für besondere Schmuckschriften auf deinem Flipchart nutzen, siehe auch »Praxisbuch: Brush Lettering« von Chris Campe.

Es sieht sehr elegant aus, wenn du bei besonders wichtigen Informationen auf dem Flipchart ein Wort oder eine Zeile im Brush-Lettering-Stil einsetzt.

Im Gegensatz zur Keilspitze ist die Pinselspitze sehr biegsam und variabel. Es gibt keine bestimmte Richtung, in der du den Marker bewegen musst, um etwas auf dein Blatt zu bekommen. Bezogen auf die Schrift gibt es ein paar Regeln für das Brush Lettering, mit denen du dich vertraut machen solltest, damit das Ergebnis einfach umwerfend aussieht.

Wenn du bisher noch nie mit einer Pinselspitze gearbeitet hast, dann solltest du dich vorher ein wenig einarbeiten. Du kannst mit der Pinselspitze sehr feine Linien ziehen, indem du sie federleicht über das Papier ziehst. Der Marker kann aber auch ordentlich dick Farbe abgeben, wenn du etwas mehr Druck auf ihn ausübst. Das macht ihn sowohl fürs Schreiben als auch für das Zeichnen auf dem Flipchart sehr interessant. Es gibt einige Visualisierer, die nur noch mit einer Pinselspitze arbeiten.

Zum Ausmalen deiner Zeichnungen und zum Hervorheben der Schrift eignet er sich perfekt.

TIPP Wir empfehlen hier den Neuland No.One® Art der Firma Neuland, der ebenfalls nachgefüllt werden kann. Außerdem kannst du bei Bedarf hier auch die Pinselspitze austauschen.

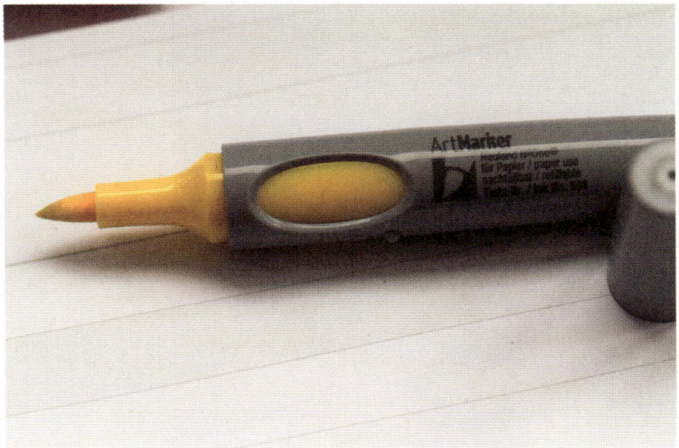

Mal abgesehen von der Schrift kannst du mit der Pinselspitze auch ganz herrlich lebendige Linien auf dein Flipchart zaubern.

DIE RUNDSPITZE

Es gibt Marker mit einer Rundspitze und auch die sogenannten »Sketchnote-Marker« mit einer ungefähr 2 mm starken Spitze.

Die Spitze verformt sich (normalerweise) nicht und eignet sich deshalb perfekt zum Zeichnen kleiner Bilder. Diese Zeichnungen mit schwarzer Kontur sind auch aus größerer Entfernung auf dem Flipchart gut sichtbar. Um die kleinen Zeichnungen noch besser hervorzuheben, kannst du sie mit dem schon oben beschriebenen Brushmarker kolorieren.

MANCHMAL KOMMT ES NOCH DICKER

Besonders sichtbar sollten wichtige Schlagworte oder Überschriften auf deinem Flipchart sein. Dazu brauchst du eine breitere Spitze. Klarer Fall, mit dieser breiteren Spitze kannst du viel größere Buchstaben schreiben. Dazu kannst du zum Beispiel den großen Bruder des Neuland No.One verwenden. Er heißt BigOne und hat eine Keilspitze mit einer Breite von etwa 15 mm. Damit wird deine Überschrift wirklich ordentlich sichtbar.

Noch cooler, noch dicker

Die wirklich coolen Flipchartfans, die gönnen sich noch eine ganz bestimmte Marker-Spezies: die FatOnes von Neuland oder den Masterpiece von Molotow. Im Gegensatz zum FatOne ist die Markerspitze des Masterpiece noch etwas eckiger und fester, sodass er sich präziser als ein sehr dicker Kalligrafiemarker einsetzen lässt.

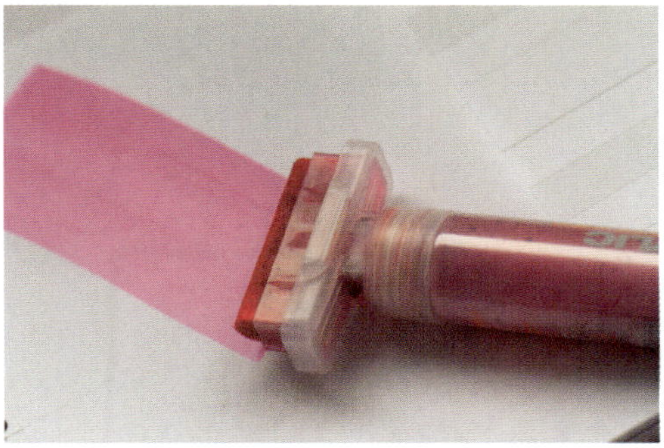

Die FatOne-Marker haben entweder eine Breite von 30 oder 60 mm. Der Masterpiece von Molotow hat eine Breite von 60 mm. Alle Marker kannst du mit deiner Lieblingsfarbe oder sogar deiner Lieblingstinte selbst befüllen. Damit kannst du Überschriften und Zeichnungen ordentlich fett hervorheben oder einrahmen.

Diese fetten Marker, die sind nicht ganz ohne, weil du die Tinte etwas anpumpen musst, um sie fließend zu bekommen. Wenn du dabei wenig Geduld beweist und zu stark aufdrückst, dann kann dir schon mal ein ordentliches Tintenmalheur passieren und es fließt zu viel Tinte vom Marker auf dein Papier.

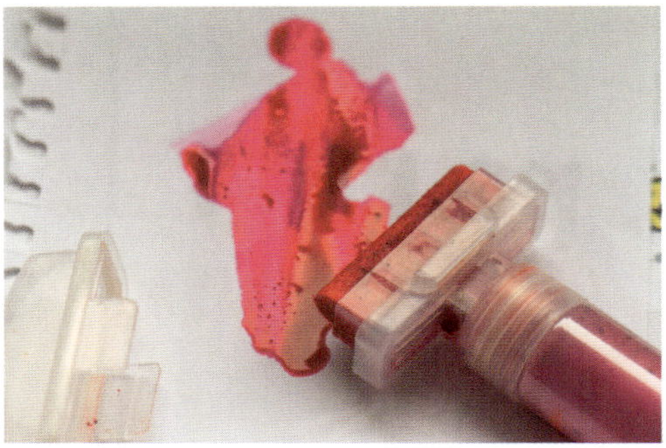

Damit verursachst du eine echte Sauerei. Mit ein wenig Übung bekommst du aber mehr und mehr ein Gefühl für diesen Marker.

Den Masterpiece von der Firma Molotow gibt es auch gefüllt mit schwarzer Tinte. Diese Tinte ist sehr stark deckend. Kann toll aussehen, bedeutet aber auch ein gutes Stück Übung.

Du kannst den Marker auch gerne mal nutzen, um schnell einen Themenspeicher oder ein Flipchart fürs Brainstorming zu erstellen.

Das könnte dann so aussehen:

Mit dem 30 mm breiten FatOne schreibst du die Überschrift oder einen Teil davon. »Agenda« passt zum Beispiel in der Breite gerade knapp auf ein Flipchart. Das musst du aber alles selbst für dich ausprobieren. Ein paar Übungsblätter brauchst du schon. Wenn du dann irgendwann deine meist genutzten Wörter und deren Abstände hast, dann geht das fast im Schlaf. Bei anderen Themen wird es schnell schwierig. In diesem Fall gefällt mir die Idee, nur einen Teil mit dem FatOne zu schreiben und den Rest in einer starken Kontrastfarbe zu lettern.

Gelb und Schwarz sind dafür perfekt. Dabei solltest du darauf achten, dass sich die beiden Schriftstile auf dem Flipchart möglichst sehr unterscheiden. Zu den massiven Blockbuchstaben passt ein fast zartes Brush Lettering, obwohl das gar nicht so zart ist.

Mit der breiten Markerspitze hast du außerdem im Nullkommanix astreine Quadrate als Aufzählungszeichen auf dein Flipchart gezaubert.

Es macht süchtig, mit einem von diesen Markern zu arbeiten. Bevor du aber wirklich Spaß mit diesen Markern hast, nimm dir die Zeit, intensiv damit zu trainieren.

ACRYLMARKER

Acrylmarker sind stark deckend auf (fast) allen Oberflächen. Es gibt sie von verschiedenen Firmen und in verschiedenen Ausführungen, zum Beispiel von Molotow, Neuland und Posca.

Grundsätzlich haben sie entweder eine Rundspitze oder eine Keilspitze. Die Acrylmarker von Molotow und Neuland sind nachfüllbar. Außerdem können hier auch die Spitzen ausgetauscht werden.

Tolle Effekte erzielst du mit den Acrylmarkern sowohl auf Kraftpapier als auch auf schwarzem Papier. Nur mit Acrylmarkern kannst du auf diesen Untergründen gut deckend arbeiten. Selbstverständlich kannst du damit auch auf einem weißen Flipchart arbeiten, die Farbe ist dann einfach nur sehr kräftig.

Das musst du bei der Arbeit mit dem Acrylmarker bedenken:

Die Farbe ist sehr stark deckend. Das bedeutet nicht nur, dass sie gut auf dem Papier haftet, sondern auch auf deiner Kleidung oder dem Teppich, den Möbeln und auf den Wänden, sollte es einmal besonders dumm kommen. Kurz: Sie lässt sich nur schwer wieder entfernen.

Alle Acrylmarker müssen vor dem ersten Gebrauch »gestartet werden«. Das bedeutet, dass du sie

- ordentlich schütteln musst,
- mit der Spitze auf dem Papier anpumpen musst.

Damit die Farbe aus dem Marker in die Spitze laufen kann, muss die Spitze sanft auf das Papier gedrückt werden. Das öffnet das Ventil und ermöglicht es der Farbe, in die Spitze zu laufen. Dieses Anpumpen, bis du die erste Farbe siehst, das kann schon eine ganze Weile dauern, ca. 15-20 Mal pumpen. Sanft, mit wenig Druck!

Wenn du die erste Farbe in die Spitze laufen siehst, solltest du den Marker einen Moment kopfüber halten oder abstellen, bis die gesamte Spitze sich mit Farbe gefüllt hat.

Jetzt ist die Spitze bereit und du kannst loslegen.

Zwischendurch kann es sein, dass du immer mal wieder nachpumpen musst, damit die Farbe nachläuft. Leg dir dazu einen Stapel Schmierpapier neben dein Flipchart. Du solltest nicht während des Schreibens direkt auf dem Flipchart weitere Farbe pumpen. Dabei könnte es passieren, dass zu viel Tinte freigesetzt wird und diese an der Markerspitze vorbeiläuft. Glaub mir, damit kannst du dir dein schönes Flipchart ordentlich versauen. Wäre doch schade.

TIPP

Nach dem ersten Benutzen deiner Marker solltest du sie regelmäßig immer mal wieder nutzen, damit dir die Spitzen nicht eintrocknen. Bewahre sie so auf, dass du sie immer wieder im Blick hast. Wenn du weißt, dass du sie länger nicht benutzen wirst, dann solltest du die Markerspitze und das Ventil einmal gut mit Wasser durchspülen, damit dir beides nicht verklebt und eintrocknet.

Deine Acrylmarker bewahrst du unbedingt aufrecht stehend auf, d.h. mit der Markerspitze nach oben. Damit dir Tinte weder das Ventil noch die Markerspitze verkleben kann oder Farbe einfach in die Kappe läuft, was beim Wieder-einmal-Benutzen eine Riesensauerei verursacht.

Das klingt jetzt alles erst mal wie eine wilde Welt voller Gefahren und viel Sauerei. Das ist es aber nicht, wenn du nur ein paar kleine Tipps beachtest. Ganz nebenbei hältst du so dein Arbeitsmaterial sauber, das macht es langlebiger und beim Kunden macht es auch einen besseren Eindruck.

1.2 KREIDE VEREDELT DEINE FLIPCHARTS

Jetzt weißt du viel über Marker und deren Verwendung. So ein Flipchart hat aber viel Fläche zu bieten, die du vielleicht kolorieren möchtest.

Hier kommt die Kreide ins Spiel. Wir nutzen gerne Pastellkreiden, die du mit verschiedenen Hilfsmitteln sehr schnell und einfach auf dein Flipchart auftragen kannst. Favoriten unter allen diesen Kreiden sind die PanPastels.

Die PanPastels, die mit unterschiedlich großen Applikatoren oder Wattepads aufgetragen werden. Der Schmuddelfingerfaktor ist gleich null, es sei denn, man stellt sich wirklich sehr ungeschickt an. Die Kreiden werden in kleinen

Döschen ausgeliefert und sehen aus wie Karnevalsschminke. Es sieht glatt so aus, als würden wir Rouge auftragen.

Die Ergiebigkeit dieser Döschen ist übrigens sensationell. Wusstest du, dass die Döschen trotz intensiver Nutzung etwa 7 Jahre gehalten haben? Selbst jetzt ist noch ein guter Rest drin. Das ist schon sehr ergiebig.

Wir haben auch die Kreidestäbchen von Jaxell und anderen Anbietern ausprobiert. Leider koloriert so ein Stäbchen nur etwa fünf stark leuchtende Flipcharts, dann sind sie aufgebracht. Dabei sind sie noch nicht einmal komplett genutzt, denn ein großer Teil der Kreide landet unter dem Flipchart.

Damit du dir den Fußboden nicht versaust, musst du unbedingt eine Fangrinne basteln und sie unter dein Flipchart hängen, oder die Fläche mit Papier auslegen. Das nervt ein bisschen. Dazu nimmst du ein altes Flipchartblatt und teilst es von oben nach unten einmal in der Mitte.

Eine Hälfte faltest du dann noch mal in der Mitte. Die zweite Hälfte bewahrst du für das nächste Mal auf, wenn du mal wieder eine Fangrinne brauchst.

Dann schiebst du das so gefaltete Papier so unter das Flipchart, das du kolorieren möchtest, ganz so, als wolltest du das Flipchart darin abstellen.

Das Papier befestigst du rechts und links vom Flipchart entweder mit Pinnnadeln oder mit Kreppband. Je nachdem, wo du dein Flipchart zum Bearbeiten gerade aufgehängt hast. Bei mir ist es die Pinnwand. Wenn du an einem Flipchartständer arbeitest, dann wirst du die Fangrinne meistens am Flipchart festkleben müssen.

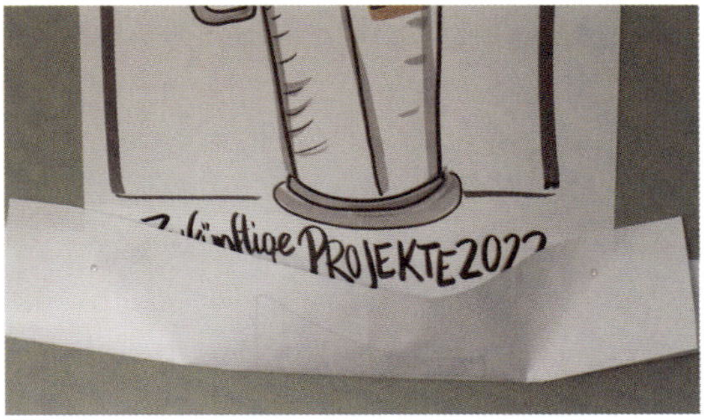

Befestige die Pinnnadeln oder das Kreppband so, dass sich in der Mitte eine kleine Öffnung ergibt. Das dient dazu, dass die Kreide besser in die Fangrinne rieseln kann und nicht auf den Fußboden oder in die Stifteablage.

Von oben sieht das dann so aus:

Beim Entfernen der Fangrinne musst du dann nur noch etwas vorsichtig sein, damit die Kreide nicht am Ende doch noch auf dem Fußboden landet.

Das Problem hast du mit den Döschen von PanPastel nicht. Es sei denn, du trägst deine Farben besonders dick auf.

Damit die Pastellkreiden auf deinem Flipchart haltbar werden, musst du sie fixieren. Dazu brauchst du entweder ein Fixierspray aus dem Künstlerbedarf oder du nimmst ein ganz billiges Haarspray. Halte beim Fixieren etwa einen Abstand von 30 cm und sprühe die Fläche vorsichtig ein. Achte darauf, dass das Papier nicht zu nass wird, dann beginnt die Kreide zu verlaufen. Bevor du das Flipchart dann für den Transport zusammenlegst oder rollst, sollte es gut trocknen.

TIPP Ich koloriere meine Flipcharts mit Kreide immer erst, wenn ich im Veranstaltungsraum bin. Manchmal verwischt die Farbe doch etwas, trotz aller Vorsicht und Fixierung.

Praktisch wäre es auch, wenn du deine mit Pastellkreide kolorierten Flipcharts nicht gerollt, sondern glatt transportieren könntest. Aber das ist logistisch sicher immer eine Herausforderung. Wäre aber zu überdenken, wenn du dein Flipchart häufiger nutzen möchtest (siehe Abschnitt 1.4 »Aufbewahrung«).

Was ist mit Wachsblöcken?

Jahrelang haben wir Stockmar-Wachsmalblöcke verwendet, um Flipcharts einzufärben, Wichtiges hervorzuheben, Fehler abzuschwächen oder einfach hässliche Flipcharts zu retten. Aber: Im Gegensatz zur Wachsmalkreide ist Pastellkreide viel ausdrucksvoller und mit mehr Leuchtkraft. Die wollen wir jetzt nur noch!

TIPP Sandra sagt: Wachsmalkreide sieht immer aus wie aufgetragen und abgewaschen. Sie hatte sicher ihre Zeit, das ist meine persönliche Meinung dazu.

1.3 DAS PASSENDE PAPIER FÜR DEINE FLIPCHARTS

Mir tut es immer weh, wenn einfach irgendein Papier für Flipcharts beschafft wird. Hauptsache billig, wird das gerne in großen Mengen bestellt. Klar, betriebswirtschaftlich kann ich das alles verstehen. Aber als Flipchartfan blutet mir das Herz.

Papier ist gleich Papier?

Es gibt Flipchartpapier in diesen Ausführungen:

Weiß/blanko: Eher selten, ganz ohne Lineatur, weiß, blütenweiß. Das ist grundsätzlich eine schöne Idee, kann aber gerade am Anfang irritierend sein, wenn man sich erst mal ein Gefühl für die Größe des Blattes erarbeiten muss. Wenn du schon ein wenig Erfahrung hast, dann ist weißes Papier spitze, weil du keine störenden Kästchen hast, wenn du dein Flipchart digitalisieren möchtest.

Fadenkreuze: Sind ganz dezent erkennbar und geben dir Orientierung, dort wo du sie benötigst. Das kann hilfreich sein, wenn du gerade damit beginnst, die ersten Schritte zu machen. Außerdem interessant ist es auch, wenn du dich mit verschiedenen Schriftgrößen vertraut machen möchtest. Hier kannst du gut trainieren, ohne dass dich Kästchen stören. Du kannst das Flipchart aber auch einfach umdrehen, dann erkennst du die Fadenkreuze nur ganz schwach und hast aber sonst keine störenden Markierungen, wenn du dein Flipchart zum Beispiel später digitalisieren möchtest.

Kästchen: Hier gibt es verschiedene Ausführungen. Die Lineatur ist unterschiedlich kräftig aufgetragen, da gibt es stark sichtbare schwarze oder blaue Kästchen oder ganz dezente graue Kästchen. Grundsätzlich gilt für alle drei: Drehe dein Papier auf die Blanko-Seite.

Du kannst dir noch so viel Mühe geben, mit den Kästchen auf dem Blatt sieht alles, was du auf dem Flipchart machst, immer unruhig und uncool aus. Auch zum Digitalisieren ist das absolut keine Grundlage.

Jetzt sagst du: »Aber wenn ich das Blatt umdrehe, dann sehe ich die Kästchen nicht und schreibe schief!«

Darüber musst du dir keine Gedanken machen, denn wenn du das Papier umdrehst, dann kannst du die Kästchen immer noch sehen. Leider manchmal zu gut, denn manche Lineatur ist auch auf der Rückseite noch sehr stark zu erkennen. Leider, denn das ist für das Digitalisieren auch wieder schade.

Wenn du die Kästchen von der Rückseite so gar nicht erkennen kannst, dann kann es sein, dass du einfach wieder einen Schritt näher an dein Flipchart herantreten musst, damit du das alles gut im Blick hast.

Ein Hinweis zur Flipchartgröße

Das klassische Flipchart hat eine Größe von 68 x 99 cm. Es gibt auch noch eine Tischflipchartgröße, die sehr praktisch für den Einsatz an unterschiedlichsten Orten ist. Das ist die Größe: 45 x 67 cm. Unter dem Namen »TopChart« lässt sich diese Größe mit einem Pappaufsteller überall mit hinnehmen. Das kann ein Einsatz im Outdoor-Seminar sein, aber auch für ein Meeting in einem sehr kleinen Raum. Das Flipchart wird dann einfach auf den Tisch gestellt.

Sehr praktisch ist es auch, wenn bei einer Großveranstaltung viele verschiedene dieser kleinen Flipcharts im Einsatz sind, um die unterschiedlichsten Informationen zu transportieren, zum Beispiel Info über Räume, Abläufe, Aufgaben, WLAN-Passwort oder den Weg zur Toilette.

Zusätzlich steht es auch hervorragend zur Verfügung, um die sich spontan ergebenden Diskussionen mitzuscribbeln, die oft gute Ideen für das Plenum oder die Veranstaltung allgemein hervorbringen.

Umweltpapier

60% weiß ist leider nicht ganz weiß, es ist aber auch kein Kraftpapier. Es sieht immer etwas murkelig aus. Die Farben strahlen nicht so schön. Manchmal ist es auch besonders faserig, sodass dir die Markertinte ausläuft.

Besonders unschön ist das, wenn du dir ein schönes Brush Lettering überlegt hast oder wenn du etwas mit der Pinselspitze kolorieren möchtest. Mit so viel Farbe kann dieses Flipchart einfach nicht umgehen.

Kurz: Damit erreichst du einfach kein ansprechendes und schönes Ergebnis.

Weißes Papier für ganz besondere Flipcharts

Sowohl das Flipchartpapier als auch das Pinnwandpapier sind sehr dünn, meist 80 g/qm.

Wenn es mal etwas dicker sein soll, dann haben wir gute Erfahrungen mit FABRIANO® »Accademia« Skizzen- und Zeichenpapier gemacht. Es ist rauer, aber ohne Struktur und strahlend weiß.

Das Papier gibt es in vielen unterschiedlichen Größen. Eine Rolle in 1 m/1,5 m x 10 m bestellt. Das ist etwas größer als das normale Flipchartpapier, aber dann auch gut auf einer Pinnwand einsetzbar.

Schwarze Flipcharts

Schwarze Flipcharts haben ihren ganz besonderen Charme. Sie sind nicht alltäglich und brauchen mehr als den einfachen schwarzen Marker. Für die schwarzen Flipcharts brauchst du unbedingt die Acrylmarker. Sie haben sogar eine noch höhere Leuchtkraft, wenn du sie auf dem schwarzen Flipchart verwendest.

Wundere dich nicht, dass sich das schwarze Flipchartpapier während des Arbeitens etwas wellt. Das wird alles wieder glatt, wenn die Farbe getrocknet ist.

Für das Vorzeichnen auf dem schwarzen Flipchart eignet sich sehr gut der weiße Grip von Faber-Castell, den du mit einem schwarzen Radiergummi gut wieder wegradieren kannst. Trotzdem solltest du darauf achten, mit dem weißen Grip nicht zu stark aufzudrücken, damit kein weißlicher Schatten auf dem Papier zurückbleibt.

Das schwarze Flipchartpapier gibt es in zwei Größen: klassische Flipchartgröße 68 x 99 cm und in Tischflipchartgröße 45 x 67 cm.

Kraftpapier

Das Kraftpapier kommt meistens an einer Pinnwand zum Einsatz. Allerdings spricht auch nichts dagegen, es für das Flipchart zurechtzuschneiden oder es eben einfach an der Pinnwand zu benutzen.

Einige Jahre lang wurde es verschmäht, zugunsten eines schneeweißen Papiers. Das hat sich mit dem Aufkommen der Acrylmarker geändert. Durch die enorme Farbbrillanz, die diese Marker auf dem Papier ermöglichen, macht es wieder richtig Spaß, das Kraftpapier zu verwenden.

Besonders schick ist aktuell der Einsatz mit schwarzen und weißen Acrylmarkern auf dem Papier. Besonders gerne auch für Flipcharts, die hauptsächlich Handletterings enthalten.

Der Vorteil ist, dass das Papier eine linierte Struktur hat, zumindest das Kraftpapier von Neuland. Diese Struktur ist auf beiden Seiten des Papiers sichtbar. Die Vorderseite ist dabei leicht glänzend, die Rückseite matt. Hier gibt es für jede Seite Vor- und Nachteile.

Vorderseite: Schön glänzend, durch die matten Acrylmarker erhält es eine interessante Struktur, die lebendig wirkt. Wenn diese Seite fotografiert wird, dann unbedingt ohne Blitz, damit unschöne Blendenflecke vermieden werden.
Rückseite: Matt wird in der Moderation gerne bevorzugt, da es sich (angeblich) leichter fotografieren lässt, weil die Gefahr der unkontrollierten Blendenflecke nicht gegeben ist. Im Gegensatz dazu kann es passieren, dass die Tinte ausläuft. Das ist weniger beim schwarzen Marker als beim farbigen Marker zum Kolorieren der Fall. Ein weiterer Nachteil ist, dass diese Seite mehr Farbe aufnimmt, als die glatte Seite. Das führt zu höherem Tintenverbrauch.

Unsere Erfahrung ist, dass sich das Papier stärker wellt, weil es mehr Wasser aufnehmen muss.

1.4 AUFBEWAHRUNG

Wir werden immer wieder gefragt, was wir mit all unseren Flipcharts machen, die wir so fröhlich vor uns hin gestalten. Die ehrliche Antwort: Wir werfen sie weg. Ansonsten würden wir in Papier ersticken. Aber für viele Menschen macht es Sinn, Flipcharts zu verwahren, die sie immer und immer wieder verwenden. Doch wie macht man es am geschicktesten? Wir haben hier mal drei Varianten gesammelt.

Variante eins – gerollt

Na ja, das ist schon platzsparend, aber die Flipcharts leiden bei jedem Auf- und Abrollen und sind irgendwann eine einzige Faltenlandschaft.

Mach ein Foto vom Flipchart und drucke es in klein aus und klebe es außen auf das Chart, so musst du sie nicht immer ausrollen, um zu sehen, was drauf ist.

Variante zwei – laminiert

Ja, du kannst selbst Flipchartblätter laminieren lassen. So fest in Plastik gehüllt, kannst du sie dann einfach an die Wand lehnen oder hinter einem Regal aufbewahren.

Laminiere sie unbedingt inklusive der Aufhängung, dann kannst du hinterher die Löcher wieder durchstoßen und die Charts aufhängen. Nachteil: Das ist nicht wirklich kostengünstig oder umweltfreundlich und je nach Lichteinfall reflektieren die Folien.

Variante drei – aufhängen

Das ist die Variante, die allerdings nur funktioniert, wenn du ein wenig Platz hast. Man nehme einen günstigen Garderobenständer mit Kleiderstange. Wir empfehlen hier schon gerne mal den vom schwedischen Möbelriesen, der kostet ca. 15 Euro. Dann die Charts mithilfe von Hosen-Kleiderbügeln aufhängen und schon kann man sehr entspannt durch seine Sammlung suchen. Es schont die Flipcharts, du siehst sehr gut, was drauf ist, und kannst sie auch gut sortieren. Das bietet sich auch an, wenn es um einen gemeinsamen Flipchartpool eines Teams geht. Nachteil, wie erwähnt, du brauchst Platz.

1.5 HARDWARE

Mit Markern und Papier allein ist es nicht getan. Es braucht auch eine Unterlage. Standard-Flipchartständer müssen wir hier nicht weiter diskutieren, die kennen wir alle. Aber darüber hinaus gibt es noch diverse andere Möglichkeiten.

Der Pappkamerad

Wir lieben diese kleinen preisgünstigen Pappflipcharts. Man kann sie sich einfach unter den Arm klemmen und überall hinstellen. Es gibt sie mit schwarzem und weißem Papier, und das ist wirklich super. Sie sind im Format um einiges kleiner als die klassischen Blöcke, aber oftmals reicht das Format für unsere Belange völlig aus.

Das Raumwunder – Türflipchart

Heimische Arbeitszimmer sind oft klein, ein Flipchartständer passt da unmöglich rein. Aber üben solltest du ja auch irgendwie, also was tun? Zufällig haben wir bei einem Büroartikelhändler einen Flipcharthalter gefunden, den man an die Tür hängen kann. Problem gelöst. Einziger Wermutstropfen: Wenn du ziemlich klein bist, dann kannst du die Flipcharts natürlich nicht tiefer hängen, also musst du dich ein wenig recken, um an die oberen Bereiche zu kommen. Ist aber möglich.

Der Reisebegleiter – Klappflipchart

Wenn du wirklich in die Bredouille kommst, dass du einen Flipcharthalter transportieren musst, gibt es inzwischen Fabrikate, die man in der Mitte umklappen kann. Zusätzlich kann man das Gestell auch noch wirklich gut zusammenlegen. Dadurch sind sie nicht nur klein und fein, sondern auch gut zu transportieren.

Der Allrounder – Sketch at work

Es gibt einen Flipchartständer, den man sowohl ins Querformat drehen als auch als beschreibbaren Tisch benutzen kann. Das bietet sich z.B. für die Arbeit mit Sketchnotes sehr gut an, weil das im Querformat einfach supergut funktioniert. Es macht dabei auch mal sehr viel Spaß, mit großem Papier zu arbeiten. Eine echte Empfehlung aus der Praxis, denn vielseitiger geht es nicht.

Ohne Flipchartständer

Was tun, wenn man partout keinen Flipcharthalter hat? Zum Üben kannst du dir einfach großes Papier an Fenster und Türen hängen. Achte darauf, dass es mehr als ein Blatt Papier ist, falls der Marker durchblutet. Aber so kannst du unkompliziert das Schreiben an einer vertikalen Fläche üben.

Whiteboards

Wir sind leider nie warm geworden mit diesem Medium, auch wenn es inzwischen mehr Schreibfarben gibt und auch coolere Boards aus farbigem Glas mit barocken Rahmen etc. Aber mehr als Kritzelnotizen sind da für uns nicht möglich. Schaut man sich im Netz um, sieht man durchaus auch beeindruckende Whiteboard-Visualisierungen, aber wir kriegen es nicht hin – noch nicht. Denn zum einen sind wir nicht sonderlich geübt und wischen unsere eigenen Schreibereien schnell mal mit dem Ärmel unabsichtlich wieder weg, zum anderen fehlt uns die Möglichkeit, Dinge auszumalen oder mit Farbe hervorzuheben. Denn malst du über einen bereits geschriebenen Bereich drüber, verwischt du automatisch alles darunter Befindliche. Sehr frustrierend. Aber man braucht ja auch noch Bereiche, in denen man sich entwickeln kann.

1.6 FÜNF TIPPS VOM LINKSHÄNDER FÜR LINKSHÄNDER

Du bist auch Linkshänder? Arbeitest aber nicht gerne am Flipchart, weil alles irgendwie »andersrum« ist? Das ist gar kein Problem. Hier findest du fünf hilfreiche Tipps für Linkshänder von Pavo Ivkovic (@Djangonaut auf Instagram). Damit auch du wieder mehr Spaß am Flipchart hast:

Tipp 1: Auf welcher Seite stehst du?

Am Flipchart stehen und arbeiten bedeutet natürlich nicht, dass du permanent am Flipchart kleben sollst. Ich bewege mich gerne frei durch den Raum, während ich mein Thema vortrage. Wenn ich zum Flipchart zurückkehre, stelle ich mich wieder rechts vom Flipchart auf. Das ist die richtige Seite für uns Linkshänder. Ganz klarer Vorteil: Du versperrst deinem Publikum – während du schreibst oder malst – nicht die Sicht auf das Geschehen.

Tipp 2: Wie hältst du den Marker richtig?

Auf die Marker ... fertig ... los! ist bei uns Linkshändern leider nicht. Mein erster Tipp bzgl. einer korrekten Stifthaltung bezieht sich nur auf die Marker mit der Keilspitze. Keilspitzmarker sind ab Werk auf Rechtshänder optimiert. Hält man den Marker als Rechtshänder in der Hand, zeigt die hohe Seite der Keilspitze nach links:

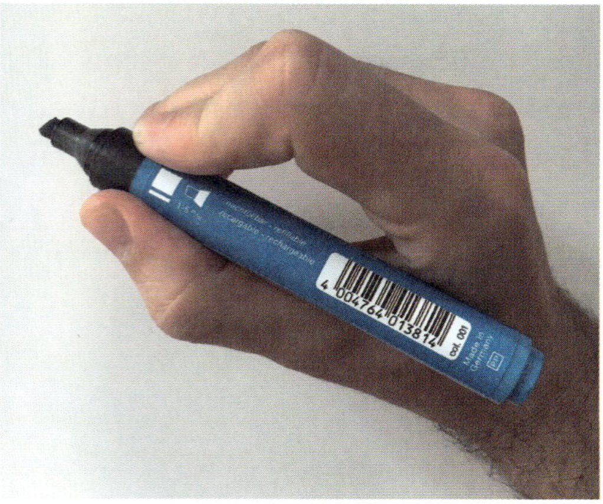

Um den Stift als Linkshänder optimal zu halten, kannst du – abhängig vom Hersteller – Folgendes tun

Drehe den Stift in deiner Hand und achte darauf, dass die hohe Seite der Keilspitze nach rechts zeigt:

Keilspitzmarker von Neuland kannst du auch einfach in der Hand drehen, bis die hohe Seite der Keilspitze nach rechts zeigt. Allerdings liegen dann die für Rechtshänder gestalteten Griffmulden des Stifts nicht mehr optimal. Schnapp dir ein Taschentuch, nimm den Stift in die linke Hand und dreh die hohe Seite der Keilspitze um 90 Grad nach rechts. Diese zeigt jetzt nach rechts und der Stift passt mit den Griffmulden optimal in deine linke Hand:

Tipp 3: Deine Hand im Fokus

Moment. Die Frage dazu, wie man den Marker hält, hatten wir schon in Tipp 2. Jetzt geht es aber tatsächlich um deine Hand und nicht um den Marker selbst. Linkshänder tendieren oft dazu, das Handgelenk zu überdrehen. Sie schreiben dann »von oben«:

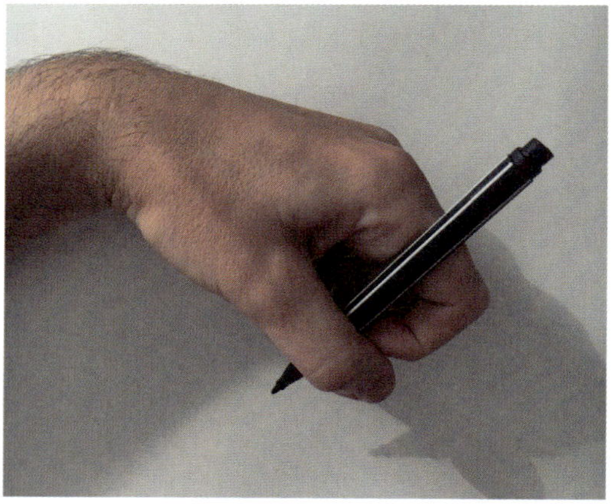

Viele von uns machen das, um beim Schreiben die frische Tinte nicht zu verwischen. Andere wiederum halten die Stiftspitze so, dass sie »von unten« schreiben:

Diese Handhaltung hat nicht nur gesundheitliche Nachteile, wie man an der unnatürlichen Position des Handgelenks sehen kann. Beide Handhaltungen hindern dich auch daran, am Flipchart sauber und vor allem entspannt zu schreiben. Daher mein Tipp: Halte den Stift oder den Marker so natürlich wie möglich. Eine normale Handhaltung beim Schreiben ist Übungssache. Investier hier ein wenig Zeit in die Übung und du wirst - nicht nur am Flipchart - davon profitieren.

Tipp 4: Zeichenhandschuh verwenden

Was trotzdem immer wieder passiert: Alles verwischt! Wir Linkshänder können von verschmierter Tinte ein Lied singen. Damit das nicht passiert, kannst du Folgendes tun:

- Schreibe langsamer. Wenn du langsamer schreibst, hat die Tinte mehr Zeit zum Trocknen.
- Benutze einen Zeichenhandschuh:

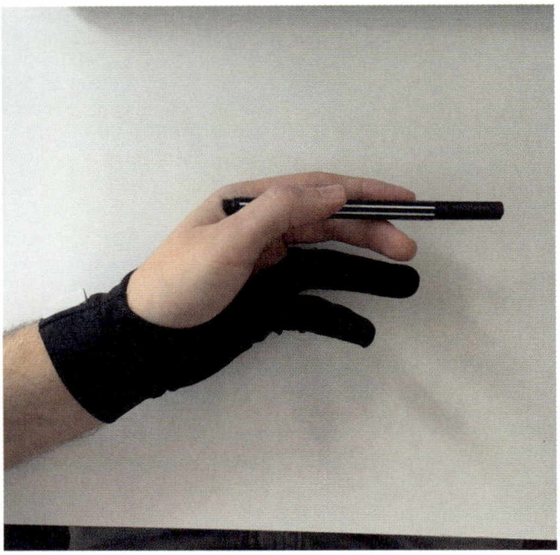

Ein Zeichenhandschuh hat gleich mehrere Vorteile. Der Handschuh deckt deine Handkante, den Ring- und den kleinen Finger sicher ab. Er bildet somit eine sichere Schutzschicht zwischen deiner Hand und der Tinte auf dem Blatt. Ein weiterer Vorteil ist, dass das Material des Handschuhs über das Blatt gleitet. So bleibst du mit deiner Hand auch nicht am Blatt »kleben«. Übrigens ist das auch ein Vorteil für Rechtshänder, die sehr warme Hände oder leicht schwitzige Hände haben.

Tipp 5: Papier ist nicht gleich Papier

Wenn du am Flipchart arbeitest, solltest du immer auf Werkzeuge und Material setzen, die optimal aufeinander abgestimmt sind. Marker von namhaften Herstellern sind ebenso wichtig wie gutes Flipchart-Papier. Ich empfehle dir Papier mit einer glatten Oberflächenstruktur. Wir Linkshänder tendieren dazu, beim Schreiben den Stift über das Papier zu schieben. Je rauer das Papier ist, umso unsauberer ist das Schriftergebnis. Auch die Stiftspitze leidet darunter und franst schneller aus. Mit glattem Papier gleitet die Stift- oder Markerspitze über das Blatt. Wer schon mal auf rauem minderwertigem Papier gearbeitet hat, weiß, was wir meinen.

KAPITEL 2

AUFBAU

2.1 PROZESS VS. PRODUKT

Eine Sache, auf die wir immer wieder stoßen, wenn wir Visualisierungsworkshops geben, ist der Umstand, dass sich viele Leute vorab keine Gedanken machen, was sie eigentlich visualisieren wollen. So ging es mir (Tanja) auch lange. Dann hat mir Brandy Agerbeck die Augen geöffnet und mir wurde klar, es gibt tatsächlich zwei hilfreiche Vorabüberlegungen. Diese kleine Einteilung erleichtert dein Leben wirklich ungemein und hilft oft, auch Klarheit und Struktur in die Inhalte zu bekommen.

Ich teile seitdem die beiden Möglichkeiten immer in **Prozess** und **Produkt** ein. Mehr gibt es eigentlich nicht wirklich.

Davon hängt dann auch die Art der Visualisierungsstruktur ab. Aber Achtung: Manchmal vermischen sich die beiden Strukturen und dann wird es schnell unübersichtlich.

Mein Lieblingsbeispiel zur Veranschaulichung ist – weil es so schön einfach ist und ich (Tanja) Drei-Fragezeichen-Fan bin – der Kirschkuchen. Leider nicht der von Tante Mathilda, aber irgendein anderer tut es auch.

KIRSCHKUCHEN – DER PROZESS

Bei einem Prozess geht es immer um Dinge, die nacheinander geschehen. Das heißt, erst muss dieses und dann das geschehen, sonst funktioniert es nicht oder macht keinen Sinn. In unserem Fall müssen wir nun entscheiden: Startet der Prozess beim Einkaufen oder bei der Zubereitung? Wie auch immer, du brauchst Kirschen und Mehl, Butter, Eier, Zucker ... und derlei Zutaten mehr. Der nächste Schritt: du legst dir dein Equipment zurecht und so geht es weiter. Wir haben das mal in einer Visualisierung veranschaulicht. Das Format (hoch oder quer) ist nicht so wichtig, und auch ob du deine Inhalte eher linear oder organisch anordnest, ist irrelevant. Wichtig ist nur, dass man ganz klar heraussehen kann, dass man erst mal den Teig braucht, bevor man den fertigen Kuchen aus dem Ofen holen kann. Nummerierungen und/oder Pfeile sind da die besten Hilfsmittel. Hier unser Beispiel visualisiert:

1.
EIN-
KAUFEN
2.
Z
M
ZUTATEN ABWIEGEN
3.
TEIG
RÜHREN
4.
TEIG
IN
FORM
backen
5.
Kirsch-
KUCHEN
FERTIG
6.
ABKÜHLEN &
DEKORIEREN

KIRSCHKUCHEN – DAS PRODUKT

Wenn es um ein Produkt geht, interessieren uns ganz andere Dinge. Zum Beispiel für wie viele Personen reicht dieses Rezept, wie viele Kalorien hat ein Stück, wie lange hält sich der Kuchen und derlei mehr. Also alles unterschiedliche, in den meisten Fällen aber gleich wichtige Aspekte einer Sache. Um die nun zu visualisieren, solltest du eine andere Struktur wählen als für den Prozess. Auch hierfür ein Beispiel:

OPTISCHE WERTIGKEIT

Ein Punkt, der bei der Produktvisualisierung sehr wichtig ist, ist die optische Wertigkeit. Wenn in einem Treffen Aspekte gesammelt werden, in unserem Fall also zum Thema Kirschkuchen, würde der Schreibende automatisch eine Liste oben anfangen. Da Flipcharts nun generell hochformatig sind, würden sich die weiteren Aspekte nach und nach darunter ansammeln. Die Wahrnehmung sorgt nun dafür, dass wir in der Regel das als Wichtigstes erachten, was oben die Liste anführt, selbst wenn dem gar nicht so ist. Um das zu umgehen, muss man sich zu helfen wissen.

Deswegen empfehlen wir gerne bei Produkt-Visualisierungen die Popcorn-Methode.

Wichtig ist uns hier, dich zu sensibilisieren bzw. deine Aufmerksamkeit dahin gehend zu beeinflussen, dass du kurz innehältst und dir überlegst, ob es um etwas geht, wo nacheinander abfolgende oder gleichwertige Elemente zum Tragen kommen.

Als kleine Entscheidungshilfe haben wir hier noch ein paar Möglichkeiten aufgelistet:

Beispiele für Prozesse

- Chronologische Abläufe
- Anleitungen
- Vorgehensweise
- Maßnahmenplan
- Agenda
- Zeitplan
- Meilensteine bis zum Ziel
- Weg zum Ergebnis

Beispiele für Produkte

- Vergleiche von zwei, drei ... Aspekten/Argumenten/Thesen/Produkten/Projekten
- Projektpräsentation
- Produktpräsentation

Sind es beide Aspekte, die wichtig sind, also wenn wir bei unserem Kuchen bleiben, sowohl die Zubereitung als auch die Zusatzinformationen, dann würden wir es trennen und lieber zwei Flipcharts machen. Denn oberstes Ziel ist ja, die Informationen, die uns wichtig sind, so aufzubereiten, dass sie bei allen ankommen und im besten Fall noch nachhaltig abrufbar sind.

Um dir hierzu noch ein wenig mehr Hilfe zu geben, findest du in Kapitel 5 unter dem großen Flipchart auf der linken Seite der Doppelseite den Hinweis, ob es sicher hierbei um ein Produkt oder um einen Prozess handelt.

2.2 ANTEILE TEXT UND BILD

Die ersten Schritte hin zu einem gut funktionierenden Flipchart sind vielleicht ein wenig holprig, besonders, wenn du lange nicht mehr zum Stift gegriffen hast. Viele denken, dass es nur dann ein gelungenes Werk ist, wenn auf dem Papier eine beeindruckende Grafik zu sehen ist. Aber STOPP! Den Zahn müssen wir dir sofort ziehen. Klar ist es toll, wenn jemand mal eben eine Hammerillustration aus dem Ärmel schüttelt, aber ehrlich: In den meisten Fällen lenkt das vielleicht sogar vom Wesentlichen ab. Dann sagen die Betrachter eher so was wie: »Oh mein Gott, kannst du toll Menschen zeichnen«, und nicht: »So cool, ich weiß jetzt genau, was ich als Nächstes tun muss und was alles zu Arbeitspaket 12 gehört.« Setz dich also nicht unter Druck, wenn dir das mit dem Zeichnen am Anfang noch etwas schwerer fällt. Es gibt kein Richtig oder Falsch im Bezug auf die Prozentzahl von Bildelementen pro Chart. Es ist vielmehr eine subjektive Entscheidung bezogen auf deine Vorlieben, das Thema, die Zielgruppe, die Komplexität der Inhalte und diverse andere Komponenten.

Je nachdem, wie leicht es fällt, Inhalte bildlich darzustellen, wird sich dein Repertoire an visuellen Hilfsmitteln erweitern.

Fang einfach mit kleinen Schritten an. Hier und da ein kleines Bildsymbol ist schon wunderbar, und wenn du dann noch ein Angeberbanner hinbekommst, ist das Dreiviertel des Weges zu mehr Sicherheit und vorzeigbaren Ergebnissen.

TITEL
Tirili
Dudo
Dirö
20/80
IDEEN
NACHHALTIGKEIT
50/50
Lager
Vertrieb
Dünger
Ernte
WE ♥ G&M
STRATEGIE '21
80/20
BILD TEXT
20/80 Textchart
VIELE INFOS
mit vereinzelten BILDSYMBOLEN
50/50 Allrounderchart
PASST FÜR FAST ALLES!
80/20 Storytellingchart
Bildlandschaften
für komplexe Situationen

2.3 EINFACHER GRUNDLEGENDER AUFBAU

In meinem (Tanjas) früheren Job sollte ich auch Flipcharts für Konferenzen oder Workshops gestalten. Dann saß ich in meinem Büro wie eine Künstlerin vor ihrer Staffelei und habe aus meinem Geheimversteck die guten Flipchart-Marker gekramt. Das war sehr entspannt und ich war hinterher immer ganz zufrieden mit meinen Erzeugnissen. Nie zufrieden hingegen war ich, wenn ich mal so ganz spontan ans Flipchart sollte und mitschreiben oder dokumentieren sollte, was gerade vor sich ging.

Wir wissen sehr gut um die Baustellen, die es zu bearbeiten gilt, wenn es darum geht, ohne Vorbereitung in einer zeitlich angespannten Situation ein vernünftiges und gut lesbares Blatt hinzubekommen.

Hier unser bewährter Tipp aus der Praxis für einen Grundaufbau, wenn du keine Möglichkeit hast, etwas vorzubereiten. Du musst aber wenigstens diese kleinen Gestaltungselemente nutzen, sonst wird es nix und ehrlich: Das erfordert ein gewisses Maß an Selbstdisziplin. Probier es aber bitte mal. Wir versprechen dir, es wird Übersichtlichkeit, Lesbarkeit und den Nutzen erhöhen und die Nachbearbeitungszeit deutlich verkürzen.

Titel

Der Titel sollte gut lesbar über allem thronen. Und einen Titel sollte dein Flipchart immer haben. Oft sagen Teilnehmende »Titel brauch ich nicht, weil jeder ja weiß, worum es geht.« Ja, in dem Moment, aber wenn irgendwann nur noch ein Foto existiert mit dem Dateinamen img1853_meetup_mai.jpg, dann weiß man es vielleicht nicht mehr.

Datum

Wenn man in einem Entwicklungsprozess steckt, kann es immens wichtig sein, ein Datum zu notieren. Man weiß dann, welches Flipchart eine Weiterentwicklung zeigt. Nicht bei allen Situationen ist ein Datum überlebensnotwendig und bei Flips, die du mehrfach verwenden willst, auch eher blöd. Aber da weißt du selbst am besten, wann es Sinn macht und dein Leben erleichtert.

Rahmenillustration unten rechts

Wir versuchen bei dieser Vorlagenart, die Gesamtkomposition aufzulockern, indem wir unten rechts ein kleines Bildsymbol hinzeichnen. Das hat im besten Fall was mit dem Thema zu tun. Es geht aber auch auf der Meta-Ebene: Geht es um eine Ideensammlung, tut es eine kleine Glühlampe, geht es um Dinge, die noch fertiggestellt werden müssen, funktioniert ein Baukran, bei einer To-do-Liste ein Klemmbrett.

Aufzählungszeichen

Nette Aufzählungszeichen sind nicht zu unterschätzen. Wir haben hinten im Buch (guck mal in Abschnitt 3.1) unsere liebsten Aufzählungszeichen für dich gesammelt. Da wirst du auf jeden Fall fündig.

Rahmen um das Ganze

Am Ende ziehst du noch einen Rahmen um die Visualisierung. Dafür findest du in Abschnitt 3.4 auch ganz viele Ideen. Und schon ist es fertig.

2.4 FARBE UND SCHATTEN

Die wichtigsten Stifte sind natürlich deine Kontur- bzw. Schreibstifte in Schwarz. Damit kommst du schon ziemlich weit (siehe Abschnitt 1.1 »Marker«).

Wenn es jetzt um Farben geht, gibt es mal wieder keine Pauschalempfehlungen. Die Farben, die du wählst, hängen von deinen Vorlieben ab und von dem, was zu dem zu Visualisierenden passt.

Aber es gibt ein paar kleine Tipps. Du brauchst nicht den ganzen Regenbogen, um schöne, strukturierte und funktional gut lesbare Flipcharts zu gestalten.

Eine FARBE

Eine Effektfarbe kann schon reichen. Such dir hier eine Farbe, die sich gut von Schwarz unterscheidet. Also nicht Dunkelblau oder ein dunkles Grün. Probier auch mal was aus. Wir sind nicht wirklich große Fans der Erdtöne, aber in die Farbe Goldocker sind wir ein bisschen verliebt. Sie passt super zu Schwarz und sieht edel aus. Aber wir mögen auch einige andere Farben. Hier ein paar Beispiele.

Perfekt finden wir zwei Farben. Eine helle und eine dunklere bieten sich dafür an.

Tanjas Lieblingsfarbkombinationen sind:

- Ocean und Goldocker/Pastellgelb
- Rotorange und Pastellblau

Sandras Lieblinge sind:

- Navyblue, Neonpink und Goldocker
- Dunkelrot und Pastellblau

Warum nicht bunt?

Farbe ist eine Gliederungshilfe. Hast du keine Lust, mehrere Schriftarten zu lernen, kannst du Hierarchieebenen auch durch Farbe verdeutlichen. Alles, was in einer Farbe geschrieben ist, gehört automatisch zur gleichen Ebene.

Setze Farbe bewusst ein oder eben nur als Aufhübschungstool. Wir haben in diesem Buch für jede Möglichkeit Beispiele. Du solltest dich aber unbedingt vorher entscheiden, welcher der beiden Wege deiner ist. Nicht generell, aber für das nächste Flipchart.

Schatten

Der graue Stift wird schnell zu deinem Liebling werden, das versprechen wir dir, denn du kannst damit nicht nur grau schreiben und zeichnen, sondern auch vortrefflich Schatten werfen lassen.

Hast du das Gefühl, dass deine Visualisierung noch ein wenig farblos ist oder irgendwie noch ein bisschen Pep fehlt, dann hast du vielleicht noch keine Schatten angelegt. Das fällt gerade am Anfang schwer. Wir haben hier eine kleine Anleitung, die es hoffentlich ein wenig erleichtert.

Wenn du mit Schatten arbeiten möchtest, musst du zwei Entscheidungen treffen und ihnen konsequent treu bleiben:

- rechts oder links
- oben oder unten

Das soll heißen, du kannst entweder die Schatten rechts + oben von der Objektkontur machen oder rechts + unten, links + oben oder eben links + unten.

* Wie eine verschobene Kopie hinter dem Objekt
Schatten
*
RECHTS + UNTEN
unten offen? KEIN SCHATTEN
*
LINKS + OBEN
SCHLAG SCHATTEN *
nur bei Objekten, die „stehen" sollen
AUF DEM OBJEKT
*
LEVITATION → hebt ab vom Blatt

Und was ist besser, Schatten links oder rechts? Das Autorinnenduo ist gespalten.

Sandra macht den Schatten nach vielen Jahren wieder links vom Objekt und unten, statt rechts und unten. Sie hat gehört, dass das etwas mit großer Kunst und göttlichem Dings zu tun hätte, dass das Licht dann also immer von oben rechts käme. Sie kann das aber nicht genau sagen, und ob sie sich dadurch erleuchtet fühlt, darüber ist nichts bekannt. Aber eine besonders praktische Entdeckung ist, dass es ihr leichter fällt, den Schatten an den Buchstaben der Überschriften auf dieser Seite anzusetzen.

Tanja macht den Schatten eigentlich immer rechts vom Objekt und unten. Ein wenig Reflexion hat ergeben, dass das mit Sicherheit an der Tatsache liegt, dass sie einen Magister in Kunstgeschichte hat und bei der absoluten Mehrheit aller Kunstwerke Alter Meister der Lichteinfall von links oben kommt. Aus der Prägung kommt Tanja nicht mehr raus.

Wenn du am Anfang noch nicht so viel Geld investieren willst oder kannst, kauf dir auf jeden Fall einen Outliner, zwei Farben deiner Wahl und mit der Spitze deiner Wahl (siehe Abschnitt 1.1 »Marker«) und einen grauen Stift für die Schatten. Damit hast du alles, was du für den erfolgreichen Start in bessere Flipcharts brauchst.

KAPITEL 3

HILFSMITTEL

In diesem Kapitel geben wir dir unsere wichtigsten Hilfsmittel mit an die Hand. Hier findest du keine vollständigen Flipcharts, hier findest du die einzelnen Bestandteile, mit denen du deine Flipcharts jederzeit viel sichtbarer und wirksamer gestalten kannst. Diese Hilfsmittel sind für jede Art von Flipchart gedacht, es gibt keinen besonderen Flipchartbezug.

Manchmal sind es nur kleine Details, die den Unterschied machen. Wenn du z.B. spontan eine Themensammlung anlegen sollst, dann brauchst du nur ein paar einfache Aufzählungszeichen, die thematisch passen und die ganz nebenbei einen echter Hingucker aus deinen Flipcharts machen. Oft reicht schon ein schmuckes kleines Banner, das du um deine Überschrift ziehst.

Wenn du dich schon länger mit dem Visualisieren beschäftigst, dann soll dieses Kapitel ein kleiner Schubs sein, mal wieder etwas anderes auszuprobieren.

Aus eigener Erfahrung wissen wir nur zu gut, dass man immer ein Repertoire an Lieblingselementen in Form visueller Vokabeln dabeihat. Das sind die Elemente, die dir Sicherheit geben. Obwohl es an jeder Ecke Inspiration gibt, greift man doch immer auf Bewährtes zurück. Nutze dieses Kapitel, um einfach mal ganz bewusst deinen visuellen Vokabelschatz zu erweitern.

P.S.: Beim Erstellen des Kapitels ist es uns selbst auch passiert, dass wir plötzlich und unerwartet ganz neue Motive in unserem visuellen Vokabelschatz gefunden haben.

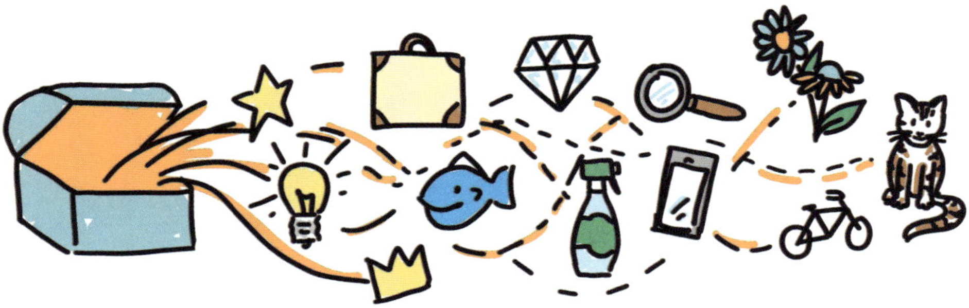

3.1 AUFZÄHLUNGSZEICHEN

Es gibt zwei Hinweise, die uns zum Thema Aufzählungszeichen wichtig sind:

Wenn du wenig Stoff oder Inhalt hast, der auf dem Flipchart zu visualisieren ist:

90% aller Aufzählungszeichen, die einem im normalen Flipchart-Trubel begegnen, sind klassische Spiegelstriche. Das ist gar nicht falsch, aber eine vertane Chance, ein bisschen Pep auf das Chart zu bekommen. Und das ist besonders dann Gold wert, wenn du vielleicht sonst noch nicht viel mit Bildern gearbeitet hast, weil das Thema zum Beispiel sehr abstrakt oder sehr komplex ist. Also überlege doch mal, was ein passendes Bildsymbol zum Thema sein könnte. Nutze das dann für die Aufzählungszeichen und werte deine Flipcharts so optisch ordentlich auf.

Ideen findest du oft auch ganz einfach im Internet: Wenn du bei der Bildersuche das Thema und Iconset eingibst, erhältst du oft viele Sammlungen, die Symbole zum Thema zeigen. Findest du hier gar nichts oder nur Firmenlogos oder Dinge, die nicht passen, gibt es wahrscheinlich keine gängigen Symbole, dann nimm einfach wieder Spiegelstriche :)

Wenn du schon eine Bildlandschaft mit vielen visuellen Hinguckern gestaltet hast oder vorhast, zu gestalten:

In diesem Fall sollten die Aufzählungszeichen nicht auch noch bildlich gestaltet sein, denn sonst besteht die Gefahr, dass sie in der restlichen Visualisierung untergehen. In diesem Fall überlege doch, ob du vielleicht ein Quadrat oder einen Kreis nehmen möchtest. Wenn du alle in derselben Farbe ausfüllst, fallen sie auch in einem lebendigen Flipchart auf.

3.2 MENSCHEN

Gelenke an Ecken
Ellenbogen
Knie
Kleine Effekt-linien für Dynamik
HÜ HÜPF
NASE
Zeigt Blickrichtung

Die einfachste Form, einen Menschen auf ein Flipchart zu bringen, ist mithilfe von Strichmännchen.

Dabei ist hauptsächlich zu beachten, was du von deinem eigenen Körper weißt: Es gibt Stellen, an denen man knicken kann, und solche, an denen man das tunlichst vermeiden sollte. Die Knickstellen, also Ellenbogen, Knie oder auch Becken und Hals helfen dir, Bewegungen darzustellen. Wenn du also jemanden zeigen willst, der rennt oder springt, schaue dir an, wie das bei einem Menschen aussieht, und kopiere einfach die Winkel, in denen zum Beispiel die Beine ab dem Becken geknickt sind, und dann wiederum, wie sie an den Knien knicken.

Mit diesen einfachen Anweisungen kannst du deine Strichmännchen annähernd alles tun lassen, was du möchtest.

Tipp von Tanja

Strichmännchen sind für mich in erster Linie Assistenzfiguren, die helfen, Aktion in deine Charts zu bekommen. Wenn es um Mimik oder Emotionen geht, nimm am besten nur das Gesichtsfeld (Seite 85) und kein ganzes Männchen. Gibst du deinem Strichmännchen ein Gesicht, sind häufig die Proportionen komisch oder die Marker zu dick. Das Einzige, was Männchen gut zu Gesicht steht, ist eine Nase, damit alleine kannst du grandios zeigen, in welche Richtung dein Männchen schaut.

3.3 GESICHTER

Das A und O bei Gesichtern sind die Augenbrauen und der Mund. Änderst du hier die Richtung, ändert sich die Emotion auf unserem Gesicht gegebenenfalls sogar ins genaue Gegenteil. In den meisten Fällen reichen wenige Emotionen im Arbeitsalltag aus. Etwas gefällt uns – oder eben nicht. Wir sind überrascht oder erstaunt, haben es mit wütenden Kunden zu tun oder mit irritierten Mitarbeitern, die keinen Plan haben. All das kannst du einfach mit kleinen einfachen Gesichtern darstellen.

3.4 TITELBANNER UND -RAHMEN

Dein Flipchart sollte immer einen Titel haben und der wiederum sollte auf dem Chart hervorgehoben werden. Das kannst du mit Schrift machen, aber vor allem auch durch einen auffallenden Rahmen.

Am bekanntesten ist sicherlich das Banner. Mit ein wenig Übung und der Anleitung hier sollte das kein Problem mehr sein.

3.5 SCHRIFT

ABSTAND
GRAFFITI
BLOCK
Schreibschrift
BREIT
JUGENDSTIL
&
OUTLINE
&
DOPPEL
@
Serifen
Mehrmals
Schnörkel
MIX
SERIFEN
Sign-
painter

Eine unserer goldenen Regeln ist Lesbarkeit. Aber manchmal braucht es auch die ein oder andere Variante bei der Schriftart. Sicherheit beim Abrufen verschiedener Schriftvarianten bekommst du leider nur durch Übung. Wie in so vielen Bereichen ist das hier keine leere Worthülse, sondern der eigentliche Schlüssel zum Erfolg. Auf dieser Seite haben wir ein paar Varianten für dich zusammengestellt, um dir die vielen Möglichkeiten zu zeigen, die Schrift haben kann, aber vor allem wollen wir dich ermutigen, auszuprobieren und deine Vorlieben zu finden. Viele Letteringbücher konzentrieren sich nur auf Brushschriften oder Fake Calligraphy. Schau dir auch mal an, wie Flipchart-Gestalter oder Graphic Recorder arbeiten, und lass dich inspirieren. Du findest sehr viele Vorlagen auf Instagram, und auch bei unseren Vorlagen haben wir versucht, unterschiedliche Schriften zu nutzen. Viel Spaß!

3.6 PFEILE

Nicht gezeichnet, aber irgendwie doch. Hochgradig wirksam und von einfach bis raffiniert voll einsatzfähig. Das wussten schon die Indianer. Na, wie klingt das?

Der einfachste Pfeil ist eine Linie mit einem Dreieck drauf. Fertig!

Wenn du es gerne etwas kräftiger hättest, dann nimmst du dir ein Gleichheitszeichen, setzt an einem Ende drei Punkte dazu und verbindest die Punkte zu einem Dreieck. Voilà! Fertig ist der Pfeil. Du kannst ihn ausmalen, aber du kannst einfach einen dicken Strich mit einem der superbreiten (3 bis 6 cm !!!) Marker drüberziehen.

Besonders gut lassen sich die Pfeile für Abläufe und Prozesse einsetzen. Wenn du ein Flipchart live vor der Gruppe erarbeitest, dann nimmst du erst die Inhalte der Teilnehmer auf, in Text und Bild.

Im 2. Schritt gibst du dem Flipchart Struktur, indem du Pfeile ergänzt und um Zusammenhänge und Abläufe zu verdeutlichen.

3.7 SPRECHBLASEN

Sprechblasen sorgen für Aktion auf deinem Flipchart. Du musst keine Figuren zeichnen, wenn du deinen Flipcharts mehr Leben einhauchen möchtest. Gute Nachricht, oder? Lass doch einfach den Kühlschrank, das Auto oder den Baum sprechen. Wenn du möchtest, dann kannst du gerne auch Gesichter dazu zeichnen, aber notwendig ist das nicht.

Eine Unterscheidung ist mittlerweile allseits bekannt:

Gedanken sind immer als Wolke dargestellt. Dabei steht in der großen Wolke die Botschaft, die zwei bis drei kleinen Wolken weisen in Richtung Kopf oder Gegenstand, der diesen Gedanken hat.

Gesprochene Worte stehen entweder in runden oder eckigen Sprechblasen, die einen kleinen Pfeil oder Schweif oder Wurmfortsatz besitzen, der dann in Richtung des Mundes zeigt. Wenn du Personen damit eine Stimme geben möchtest, dann lass diesen Pfeil nicht auf Beine oder Körper zeigen. Versuche, mindestens den Kopf zu treffen.

Interessant ist, dass es bei einem Gegenstand, der »spricht«, nicht auch zwangsläufig ein Gesicht braucht. Aber klar, lustiger ist das natürlich schon.

Alle anderen Sprechblasen sind gnadenlos aus Comics geklaut. Wenn du gerne Comics liest, dann ist das die perfekte Fundgrube für weitere Sprechblasen. Besonders für große Emotionen, wie Wut oder ganz leise Töne.

3.8 TRENNLINIEN UND RAHMEN

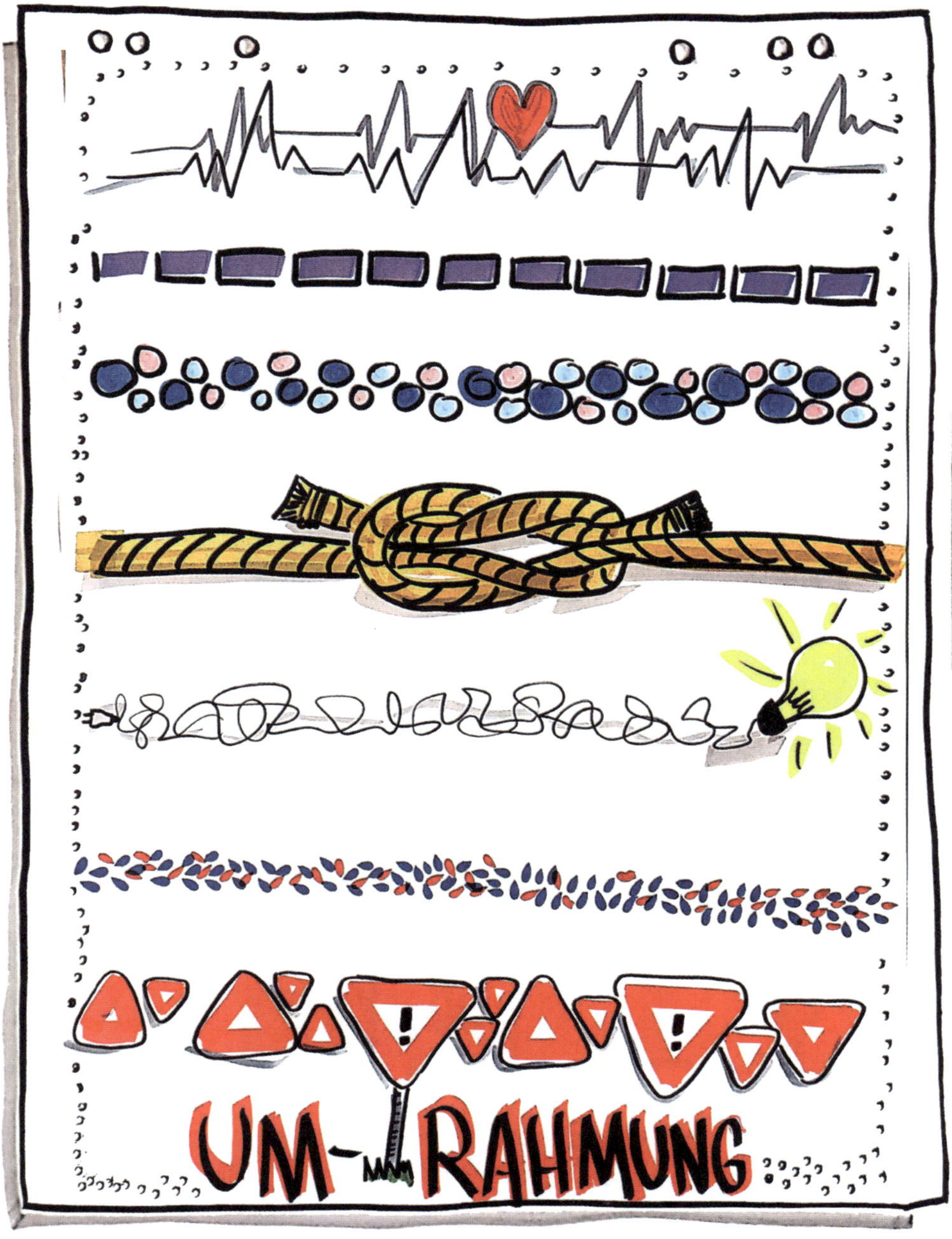

Es wird immer wieder Situationen geben, in denen du vielleicht einfach spontan ein Flipchart mit Inhalten füllen musst. Das können zum Beispiel spontane Ideen- oder Themensammlungen sein.

Damit sich auch dieses Flipchart visuell einprägt, könntest du ihm am Ende einen besonders auffälligen oder dekorativen Rahmen verpassen.

Grundsätzlich kannst du ebenso wie bei Aufzählungszeichen auch jedes kleine Icon aus Grundformen verwenden, um einen dekorativen Rahmen zu zeichnen. So zum Beispiel die roten Dreiecke der Vorfahrt-achten-Schilder.

Das könnte je nach Aufwand zu viel werden oder es kostet zu viel Zeit. Dann nutzt du diese Schmuckborte eben nur an einer Seite des Flipcharts.

Ebenso kannst du zum Beispiel mit Verbindungen arbeiten, wie bei der Glühlampe in der Fassung. Hier hast du ein Kabelende mit Stecker und am anderen Ende hast du die Glühlampe in der Fassung. Dazwischen hast du ein offensichtlich laaaaanges Kabel, das ziemlich vertüddelt daherkommt. Das könnte sich um dein Flipchart ranken. An einem Ende ist dabei die Steckdose und am anderen Ende die Glühlampe in der Fassung. Bleibt nur noch die Frage zu klären, warum die Glühlampe auch ohne Strom leuchtet.

Vielleicht hast du aber auch Lust, dich mit einem Markertrio in drei deiner Lieblingsfarben einfach mal auszutoben, um das Flipchart auffällig zu gestalten. Wie wäre es dann mit unterschiedlich großen Kullern, die du erst in Farbe zeichnest und dann mit Schwarz mehr oder weniger deckungsgleich und »ordentlich« umrahmst?

Eine ganz einfache Möglichkeit ist, dass du nimmst, was der Marker kann wie im Beispiel links oben einfach die breiten Streifen, die du je nach Farbe noch schmal oder weit einrahmen kannst.

Weiter unten siehst du die Pinseltupfen, die der Pinselmarker macht. So kannst du zum Beispiel Tropfen oder Blütenblätter zeichnen. Grundsätzlich dient das aber auch immer dazu, dass du dein Arbeitswerkzeug besser kennenlernst und mit dem Marker sicherer wirst.

3.9 SCHLANGENLINIEN

Im Gegensatz zum Straßenverkehr sind Schlangenlinien auf dem Flipchart weniger gefährlich. Also ganz im Gegenteil. Schlangenlinien bringen viel mehr Tiefe auf dein Blatt.

So wie wir es hier auf dem Flipchart haben, könnten wir eher von Faltenwurf reden. Aber um dir die Angst zu nehmen, es damit einfach mal zu probieren und Falte zu zeigen, da braucht es erst mal ein paar lässige Schlangenlinien.

Um mehr Sicherheit beim Zeichnen von Schlangenlinien zu bekommen, solltest du bei verschiedenen Gelegenheiten auf Schmierzetteln üben. Du kannst ganz ordentlich etwas in Falten legen oder ganz nachlässig damit umgehen.

Der Vorhang passt immer gut zu Kommunikationsthemen, die auch oft etwas mit der Bühne zu tun haben. Wenn du den Vorhang auf einem großen Flipchart umsetzt, dann könntest du ihn z.B. mit PanPastels kolorieren und ihn ordentlich wirksam hervorblinken lassen.

Die Tischdecke ist gut für Pausenankündigungen, zum Beispiel wenn der Tisch reichlich mit verschiedenen Spezialitäten gedeckt ist. Wenn du die Tischnummer zum Beispiel auf eine kleine Karte schreibst, die du dekorativ auf dem Tisch anrichtest, dann hast du ohne viel Aufwand eine elegante Möglichkeit, den Teilnehmern den Weg zu weisen oder Orientierung zu geben. Das hilft dir zum Beispiel, wenn du ein World Café oder eine Open-Space-Veranstaltung hostest.

KAPITEL 4
GOLDENE Regeln

UNSERE goldenen FLIPCHART REGELN
1 Niemals ganze SÄTZE
2. NICHT hetzen LASSEN
3. Lesbar schreiben
4. KONTUREN in Schwarz
5. 1-2 Farben + Schattengrau
6. BILD Symbole AUS GRUNDFORMEN
7. NICHT komplett ausmalen
8. NUTZE Textcontainer
9. RAHMEN DRUM
10. NICHT umblättern
11. MEDIEN MIX

Schreibe NIEMALS ganze Sätze!

AUSSER ZITATE

Auf einem Flipchartblatt ist nur begrenzt Platz, daher versuche, alle Worte wegzulassen, die für das Verständnis nicht unbedingt notwendig sind.

Ein Beispiel: Statt »Wir müssen noch das Konzept überarbeiten.« reicht es völlig aus, »Konzept überarbeiten« zu schreiben. »Konzept« allein würde allerdings nicht funktionieren, da irgendwann nicht mehr klar ist, was man mit dem Konzept machen muss. Meistens reichen das Objekt oder die Person und ein Verb völlig aus.

Wir beide beobachten oft, dass Menschen, sobald sie am Flipchart stehen, in Hektik verfallen und glauben, dass sie besonders schnell sein müssten. Besonders dann, wenn es spontan ans Flipchart geht. Dem ist aber nicht so.

Atme erst mal gut durch und dann schreib in normaler Geschwindigkeit. Wenn die Anwesenden dir Ideen oder ähnliches zurufen, schreib die auf, die du verstehst, und frag ggf. nach, ob du alle notiert hast.

Lesbarkeit ist die Höflichkeit der Handschrift

Friedrich Dürrenmatt

Wir schreiben immer weniger mit der Hand. Nicht jeder Mensch hat daher eine geübt und gut lesbare Handschrift. Am Flipchart fällt das besonders auf. In vielen Firmen müssen dann irgendwelche Unbeteiligten die nur schwer zu entziffernden Charts von Meetings abtippen, damit die wichtigen Inhalte nicht verloren gehen. Lesbar und schnell schreiben muss man üben, aber wir versprechen dir, mit regelmäßigem Training wirst du schnell besser und es fällt dir bald leichter.

Zeichne deine KONTUREN in SCHWARZ

Schwarze Farbe auf weißem Flipchart ist auch von weit hinten aus gut zu erkennen. Verwendest du einen wasserfesten Marker, kannst du mit allen Farben über die Konturen malen, ohne dass es verschmiert.

Stehst du noch am Anfang deiner Flipchart-Karriere, ist es zudem einfacher, zunächst nur mit einem Stift zu arbeiten. Anschließend kannst du die Konturen sehr einfach mit einem farbigen Marker ausmalen.

Die Standardfarben in fast allen Moderationskoffern sind neben Schwarz, Dunkelgrün und Dunkelblau ein dunkles Rot. Das ist okay, aber es gibt viel mehr Möglichkeiten. Versuche aber, dich einzuschränken. Eine dunklere und eine hellere Farbe sind ein guter Anfang. Manchmal gibt es durch das Firmenlogo, den Verein oder das Thema schon Farben, die du nutzen kannst oder solltest. Ansonsten guck einfach, was dir gefällt und was gut zusammenpasst.

Bilde deine Bildsymbole aus Grundformen

Um dir das Leben leicht zu machen, kannst du die meisten Bildsymbole aus einfachen Grundformen zusammensetzen. Also vereinfache soweit es geht und du wirst sehen, wie viele Symbole du so zeichnen kannst.

Wenn du es gezielt ausprobieren willst, zeichne 30 Kreise oder Quadrate, Rechtecke oder Dreiecke und versuche, sie mit Bildsymbolen zu füllen. Aus einem Kreis beispielsweise kannst du Lupe, Globus, Kompass, Uhr, Pfanne, Teller, Sonne, Fußball, Auge und vieles mehr kreieren.

Mal abgesehen davon, dass der Einsatz vieler Farben ewig dauert, alle deine Marker leer hinterlässt und nicht wirklich Spaß macht, reicht es für die Wirkung völlig aus, wenn du hier und da Farbe andeutest. Du kannst auch kleinere Objekte wie zum Beispiel Aufzählungszeichen mit Farbe füllen.

Wenn du aber alles ausmalen willst, weil du zum Beispiel ein Fußballfeld als Hintergrund gewählt hast, nimm Pan Pastels, um schnell und ohne große Mühen große Flächen zu füllen.

Durch Textcontainer schaffst du Tiefe auf deinen Flipcharts. Darüber hinaus kannst du so zeigen, was zusammengehört bzw. was nicht.

Sie helfen dir, übersichtlich zu sein, auch wenn verschiedene Aspekte auf einem Flipchart zusammenkommen. Besonders aus der Ferne hat das eine tolle Wirkung. Probier es einfach mal aus und gib Gedanken eine Wolke und gesagten Worten vielleicht einfach einmal eine Sprechblase als Textcontainer.

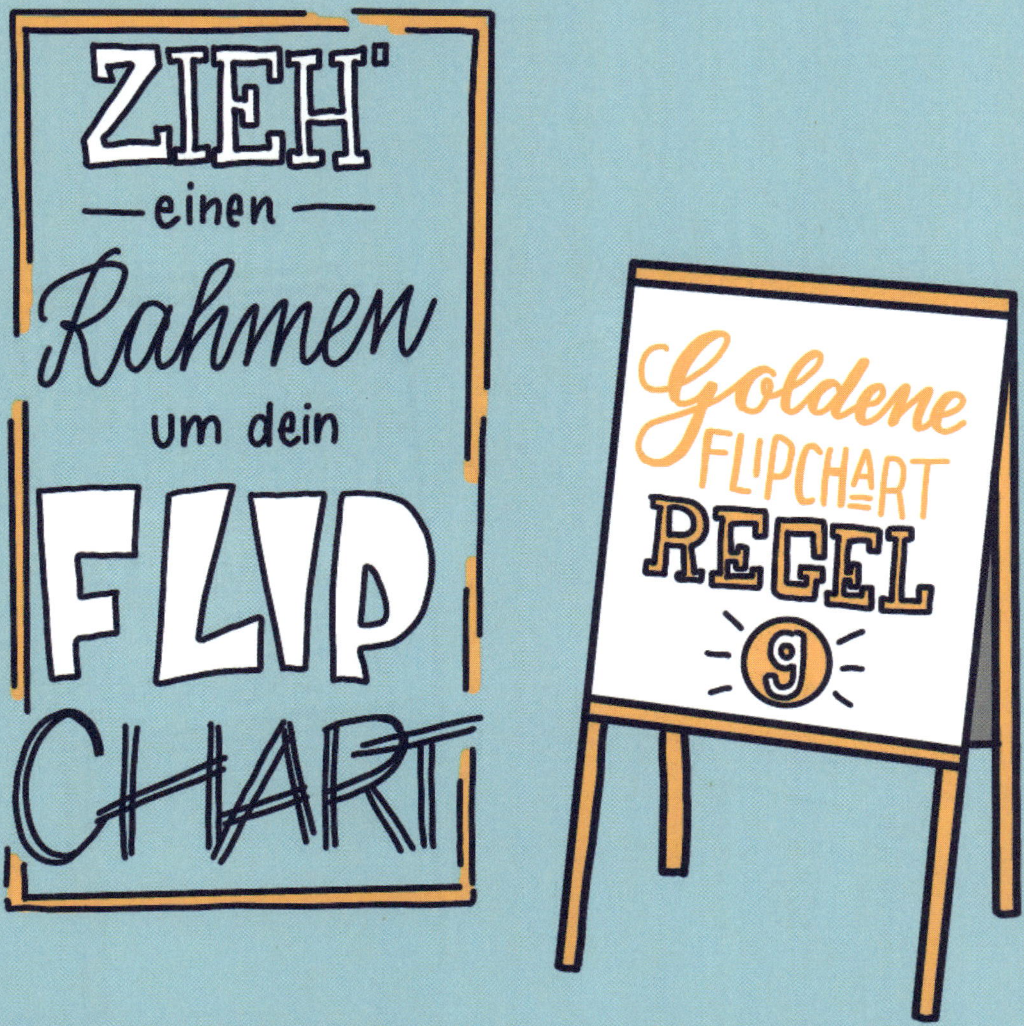

Auch wenn dein Flipchartblatt an sich schon eine optische Begrenzung ist, hilft es der Struktur und dem Auge, wenn es noch einen zusätzlichen Rahmen, nämlich einen gezeichneten, gibt. Indirekt hilft es dir auch, ein wenig mehr auf den Weißraum zu achten und nicht bis an den Rand zu schreiben.

Vor allem aber sieht es einfach besser aus. Gerne auch in einer Farbe, die du verwendet hast. Kleiner Arbeitsaufwand, große Wirkung.

BLÄTTER DEINE *Flipcharts* NICHT UM!

Einer der größten Vorteile von Flipcharts gegenüber PPT ist nicht nur die Unabhängigkeit von Strom, Licht und Technik, sondern die Mög- lichkeit, alle bereits erarbeiteten oder vermittelten Inhalte gleichzeitig zur Verfügung zu haben. Klebe die bereits vollen Charts einfach mit Kreppband an Wände, Türen und Fenster. Wann immer in der Veranstaltung auf etwas bereits Zurückliegendes verwiesen wird, ist es gut sichtbar und im Raum präsent. Am Ende des Tages hat man so einen tollen Überblick, was man geschafft hat.

Diese Regeln sind ja alle schön und gut, aber manchmal hast du vielleicht wirklich sehr viele Informationen, die du den Teilnehmern beibringen musst oder die zumindest bekannt sein sollten. Was tun? Unsere Regel: Bevor du tausendundeine Flipchart vollballerst, bedien dich des Materialmixes und gib zum Beispiel zusätzlich ein Handout aus, in dem textlastige Informationen stehen, die sich partout nicht kürzen lassen. Oder veröffentliche einen Link zu weiterführenden Quellen, Texten oder was auch immer.

KAPITEL 5

VORLAGEN

LEGENDE FÜR DIE DOPPELSEITEN

In diesem Kapitel findest du nun eine Fülle an Vorlagen und eine große Sammlung an Ideen und Tipps. In der Einleitung findest du genaue Informationen dazu, warum dieses Kapitel so aufgebaut ist.

Wir haben dir eine kleine Legende gebastelt, damit du dich besser auf den folgenden Doppelseiten zurechtfindest. Jede Doppelseite ist eine Einheit für sich:

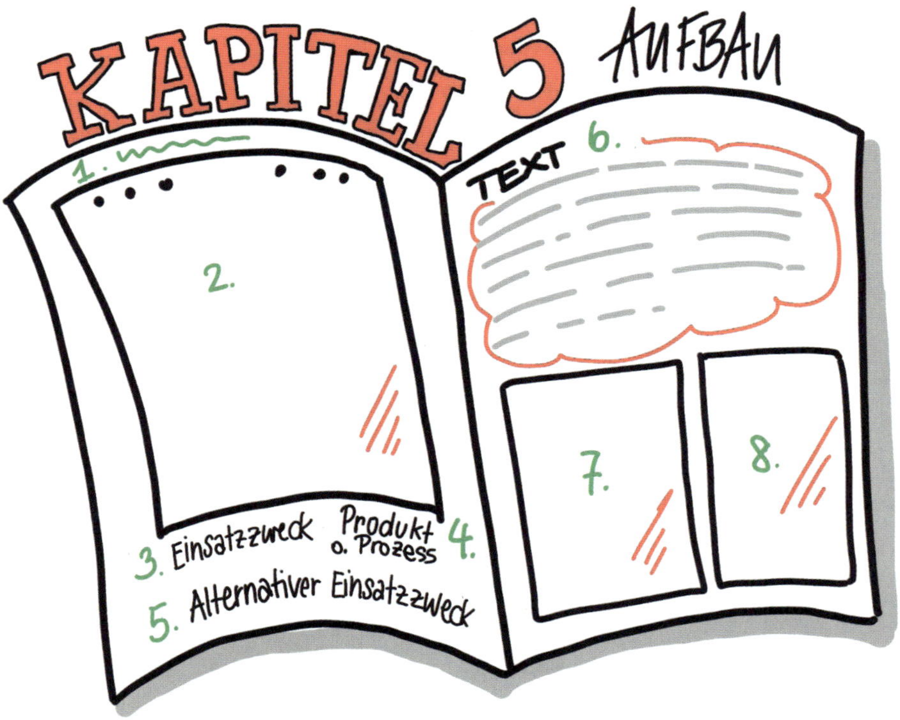

DIE LINKE SEITE

1. Hier findest du den Titel der Doppelseite, der sich auf das große Flipchart bezieht, das auf der linken Seite abgebildet ist. In der Regel ergibt er sich aus dem Motiv. Diese Benennung ist das Kriterium für die alphabetische Reihenfolge der folgenden Seiten.

2. Hier ist immer eine große Abbildung für eine Flipchartvorlage.

3. Direkt links unter dem Flipchart steht der Einsatzzweck, zu dem wir es als Hauptanwendung sortiert haben. Aber viele Charts sind vielfältig einsetzbar, wenn du nur Kleinigkeiten variierst.

4. Da wir in Kapitel 2 bereits darauf hingewiesen haben, dass wir finden, dass die Unterteilung in Produkt und Prozess für das Visualisieren sehr hilfreich ist, findest du unter jeder Abbildung auf der rechten Seite entweder das Wort Prozess oder Produkt. Suchst du also nach Ideen wie du einen Prozess abbilden könntest, findest du die Info hier, ob sich das Flipchart für einen Prozess oder ein Produkt eignet.

5. Das Tolle an Flipcharts ist ihre Vielseitigkeit. Deswegen findest du hier Vorschläge für alternative Einsatzzwecke, in denen die Komposition auf dieser Seite auch noch Anwendung finden könnten – dann vielleicht mit anderen Inhalten, aber mit dem gleichen oder annähernd gleichen Aufbau und denselben Bildsymbolen. Auf der übernächsten Seite findest du eine kurze Beschreibung dieser Begriffe, damit du weißt, was wir darunter verstehen:

DIE RECHTE SEITE

6. Im Textbereich findest du manchmal Hinweise, warum wir diese Bilderwelt für passend halten, Erläuterungen zu Methoden oder auch Tipps zum besseren Vorgehen und diverse andere Aspekte rund um die Abbildungen auf dieser Doppelseite.

7. und 8.: Je nachdem, wie viel Wichtiges wir zu schreiben hatten, blieb uns noch Platz für eine oder zwei ergänzende Visualisierungen. Das können Alternativen zu dem Flipchart auf linken Seite sein, die sich aber anderer Bildmotive bedienen, oder es können andere Einsatzzwecke sein, die sich mit den gleichen Bildsymbolen darstellen lassen. Manchmal findest du hier aber auch Strich-für-Strich-Anleitungen, die es dir erleichtern sollen, die Charts nachzuzeichnen.

LEGENDE FÜR DIE BEGRIFFE DER EINSATZZWECKE

Begrüßung

Zu Beginn einer jeden Veranstaltung steht das Ankommen und Wohlfühlen. Bei der Begrüßung geht es um das Thema des Tages, Meetings oder was auch immer. Manche Beispiele eignen sich auch, um in eine die Veranstaltung begleitende Metapher einzuführen.

Agenda/Pause

Dies sind Flipcharts rund um den Tagesablauf, für Pausenzeiten sowie Zeitpläne für Projekte oder Prozesse.

Arbeitsanweisung/To-do

Nicht selten, besonders in Workshops und Trainings, musst du irgendwann eine Übung erklären oder eine Arbeitsanweisung geben. Arbeitsanweisungen solltest du immer visualisieren, wenn du sie nicht 26 Mal wiederholen möchtest. Außerdem möchtest du ja auch sichergehen, dass deine Teilnehmer genau das machen, was du gerne hättest. Wenn du deine Arbeitsanweisungen visualisierst, dann wissen die Teilnehmer zu jeder Zeit, was zu tun ist. Wer sagt denn, dass du dich bei der Arbeitsanweisung nicht auch ganz nebenbei visuell austoben darfst? Diese Vorlagen helfen dir, Arbeitsanweisungen zu visualisieren genauso wie langfristigere Handlungsempfehlungen oder To-dos.

Ideensammlung/Themenspeicher

Flipcharts für Ideensammlungen kannst du nicht so gut vorbereiten, denn du weißt ja nicht im Vorfeld, welche und wie viele Ideen da kommen werden. Damit du nicht mit einem blanken Papier starten musst, zeigen wir dir einige Vorlagen, die dir helfen können, schon mal einen ansprechenden visuellen Rahmen zu schaffen. Die meisten kannst du auch als Themenspeicher verwenden, d.h. für Ideen, Kommentare oder Anmerkungen, die wichtig sind und nicht vergessen werden sollten, aber gerade nicht in den laufenden Prozess passen.

Wissensvermittlung/Information

Manchmal brauchst du ein Flipchart vielleicht nur um Informationen, Zahlen/Daten/Fakten oder Inhalte welcher Art auch immer für die Teilnehmenden aufzubereiten. Dabei bleiben die Inhalte bei deinen Teilnehmern viel besser hängen, wenn du dein Thema mit kleinen Zeichnungen unterstützt, oder wenn du so ein Flipchart auch gerne mal merkwürdig gestaltest.

Strategie/Planung

Diese Charts helfen dir, dich sowohl bei der Entwicklung einer Strategie als auch bei der Planung zu unterstützen.

Unternehmensstruktur

Flipcharts mit diesem Einsatzzweck zeigen dir Beispiele für Organigramme und alles rund um den Aufbau und die formalen Ebenen in einem Unternehmen oder einer Organisation.

Standortbestimmung

In vielen Prozessen oder Projekten ist es wichtig, einfach mal innezuhalten und sich einen Überblick über die Lage zu verschaffen: »Wo stehen wir?« und »Wo wollen wir hin?« Die Charts zur Standortbestimmung helfen dir bei dieser Situation.

Ergebnis

In vielen Prozessen werden Ideen gesammelt, die zu Zielen werden, die dann ein Ergebnis werden. Ergebnisse sind dann unveränderlich. Diese Flipcharts helfen dir bei der Sichtbarmachung von Ergebnissen.

Evaluation/Feedback

Dies sind Vorlagen für verschiedene Evaluationsschwerpunkte, Feedbackrunden und alles rund um das Sammeln von Rückmeldungen.

5.1 ANKER

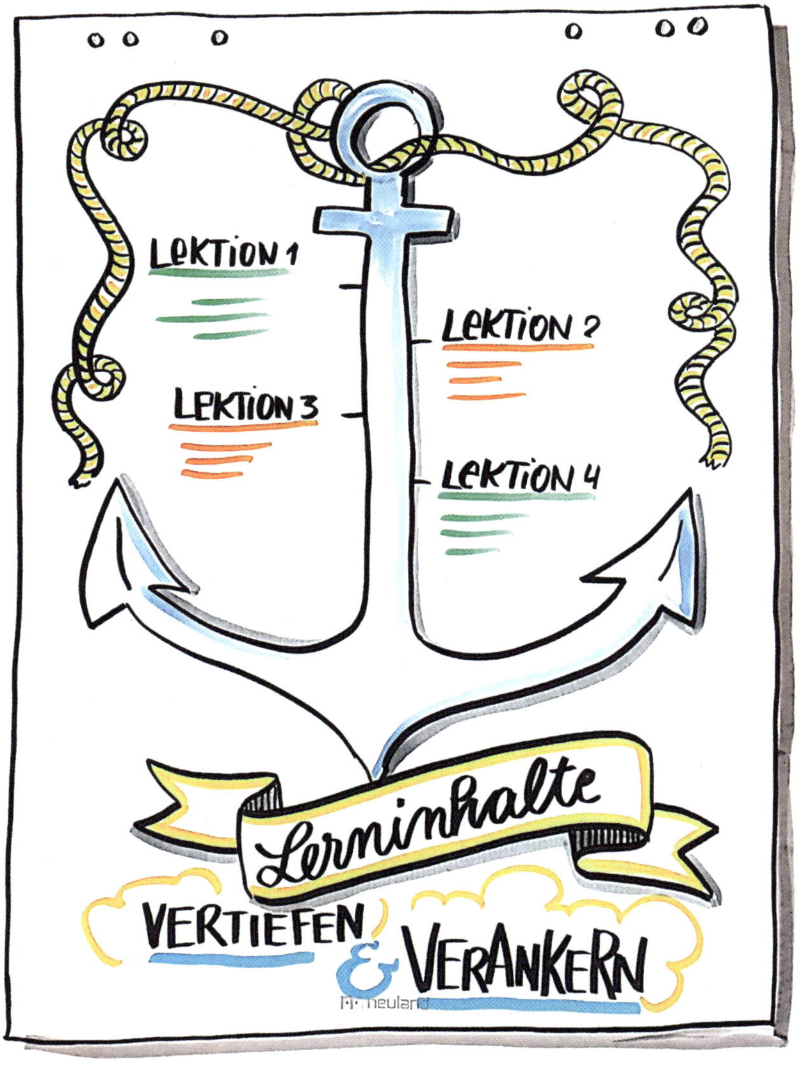

Ergebnis **Produkt**

Agenda/Pause, Arbeitsanweisung/To-do, Evaluation/Feedback, Ideensammlung/Themenspeicher, Unternehmensstruktur, Wissensvermittlung/Information

VARIANTE

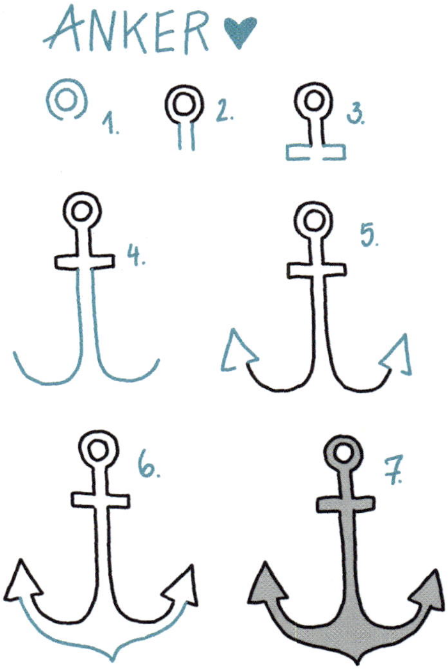

Das Bild des Verankerns ist eine sehr starke Metapher, die sich sehr gut eignet im Kontext von langfristigen Prozessen, oder wie in unserem Beispiel als Bildrahmen, wenn es ums Lernen geht.

Außerdem ist der Anker ein sehr beliebtes und positiv besetztes Symbol. Positive Stimmung, wir kommen :)

5.2 AQUARIUM

Wissensvermittlung/Information **Produkt**

 Begrüßung, Unternehmensstruktur

VARIANTEN

Wir hätten gerne ein Fenster im Wohnzimmer, das den Ausblick bietet, den Kapitän Nemo in seiner Nautilus 20.000 Meilen unter dem Meer hatte. Die Vielfalt der Lebewesen unter Wasser kannst du sehr gut nutzen, um die Vielfalt von Themen, Produkten, Prozessen etc. darzustellen.

TIPP

Je nachdem, welche Fische du wählst (Guppys oder Haie), wirkt dein Chart gefährlicher oder harmloser.

5.3 BAUM

Agenda/Pause **Produkt**

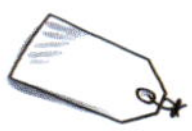

Ergebnis, Evaluation/Feedback, Ideensammlung/Themenspeicher, Standortbestimmung, Unternehmensstruktur

VARIANTE

Sicher kennst du den Baum als Auswertung in Seminar, Training und Workshop. Seit Jahrzehnten ist er ein Klassiker, aus den Methodenkoffern einfach nicht wegzudenken. Warum auch?

Der Baum ist ein beliebtes Bild für verschiedene Situationen, durchweg positiv besetzt.

Hier findest du verschiedene Varianten, um einfach mal etwas Neues auszuprobieren, als Variante zu dem »klassischen« Flipchartbaum.

TIPP

Probiere neue Formen, aber wertschätze auch den Weißraum auf dem Flipchart. Du musst die Baumkrone nicht komplett ausmalen oder mit Kreide füllen. Das Bild wird auch so als Baum erkennbar.

5.4 BAUSTELLE

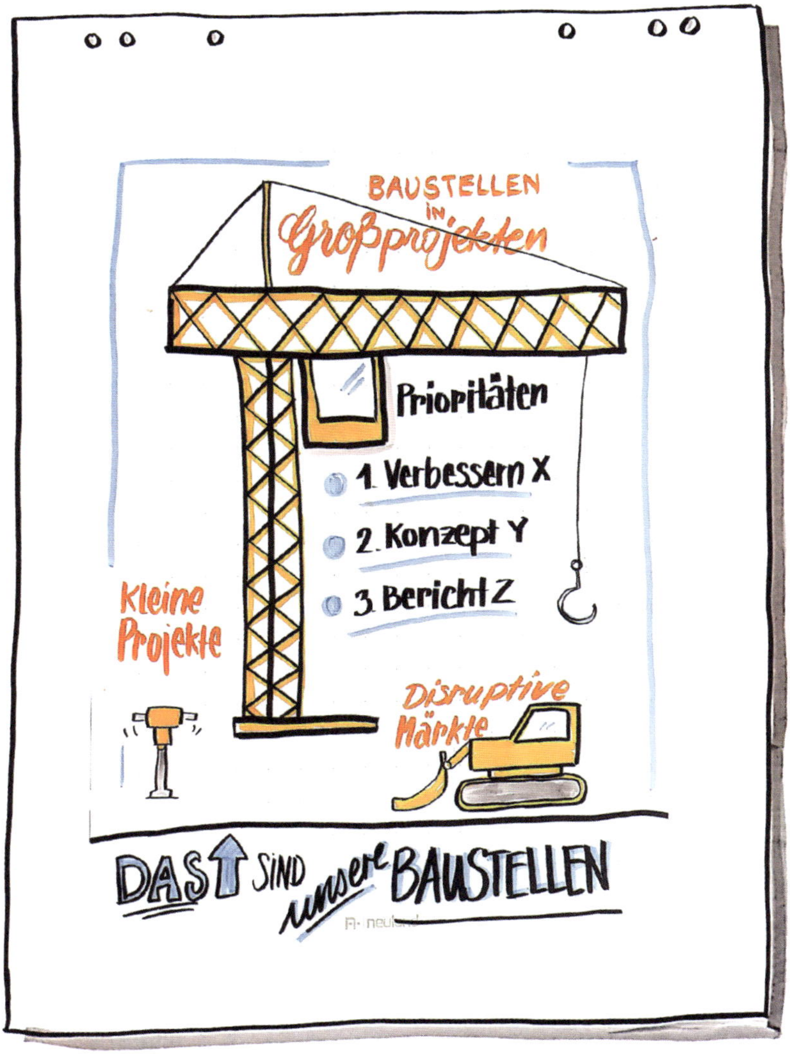

Arbeitsanweisung/To-do **Prozess**

Agenda/Pause, Begrüßung, Ergebnis, Standortbestimmung, Strategie/Planung, Unternehmensstruktur, Wissensvermittlung/Information

VARIANTE

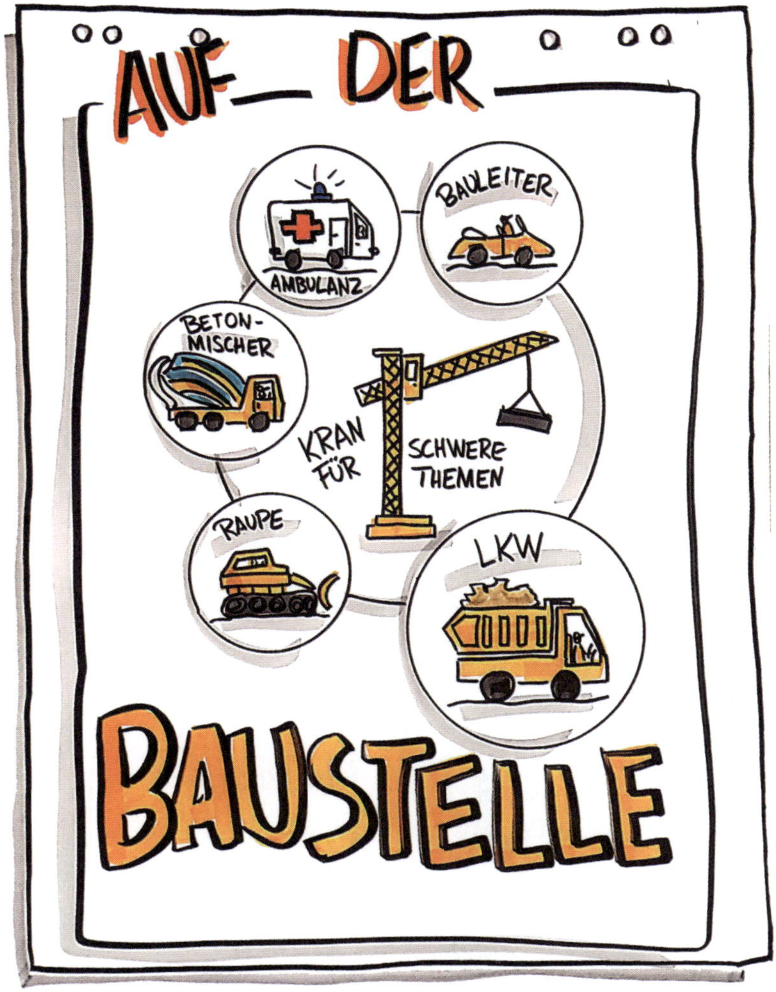

Die Baustellen-Bildwelt ist absolut genial, denn jeder kennt die Komponenten und verbindet sie mit etwas, was noch nicht fertig ist. Gerade der Baukran ist ein wunderbares Bildsymbol, denn er ist leicht zu zeichnen, du kannst super was drunterschreiben und mit seiner gelben Farbe ist er auch gut sichtbar aus der Entfernung. Außerdem ist die Baustelle ein Zeichen dafür, dass gerade etwas geschieht. Wenn du noch Menschen in die Fahrzeuge zeichnest, wird das noch deutlicher.

5.5 BERGE

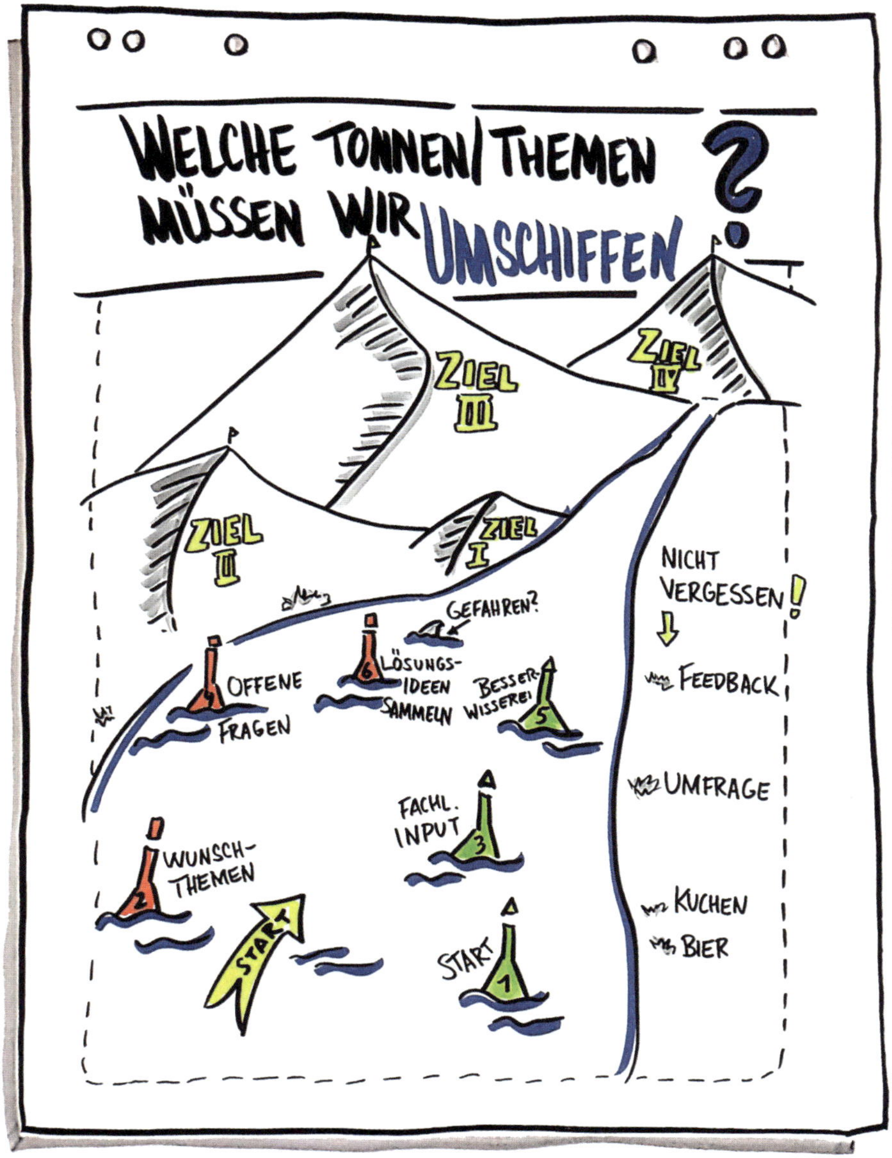

Strategie/Planung

Prozess

Agenda/Pause, Wissensvermittlung/Information

VARIANTE

Ganz egal, ob du etwas umschiffst oder umfliegst. Landschaften eignen sich als Bildmotiv perfekt für ganz unterschiedliche Situationen.

Flipchart »Themenhöhepunkte« auf dieser Seite: Hier kannst du thematische Höhepunkte vorstellen, die in der Veranstaltung bearbeitet werden sollen. Dabei könntest du vor der Veranstaltung schon eine Reihenfolge festlegen, musst du aber nicht. Wenn du sehr teilnehmerzentriert arbeitest, dann könntest du das hier auch gemeinsam mit den Teilnehmern machen.

Statt des Ovals als Umrandung könntest du hier auch eine Lupe zeichnen, um die Sicht auf die Details noch zu verstärken. Der Hubschrauber ist dabei eine kleine Spielerei, die den Rahmen etwas auflockert und dem Motiv insgesamt noch mehr Tiefe verleiht.

Tonnen umschiffen auf der gegenüberliegenden Seite: Die Tonnen in Grün und Rot sind in diesem Fall nicht einfach so eingefärbt und angeordnet. Wir haben uns da an die offiziellen Farben gehalten. Wenn du gerade für einen Bootsführerschein lernst, dann dürfte dir das bekannt vorkommen. Wenn nicht, dann darfst du das auch gerne ignorieren. Dieses Flipchart ist auf Interaktion ausgelegt. Du könntest an den roten Tonnen jeweils Themen oder Fragen sammeln, die den Teilnehmern sehr wichtig sind. Die grünen Tonnen signalisieren Themen, die du planst und die auf jeden Fall stattfinden.

Die Berge stehen hier für Ziele, die du mit den Teilnehmern festlegen kannst. Auch hier könntest du Themenhöhepunkte einsetzen, die für das Event wichtig und festgelegt oder unverrückbar sind.

Ein Wort zum Workschopp oben: Da ist er wieder einmal passiert, der Fehler. Alles war fertig und schwupp war der Workshop zum Workschopp geworden.

5.6 BIENENKORB

Wissensvermittlung/Information **Produkt**

Ergebnis, Standortbestimmung, Strategie/Planung, Unternehmensstruktur

VARIANTE

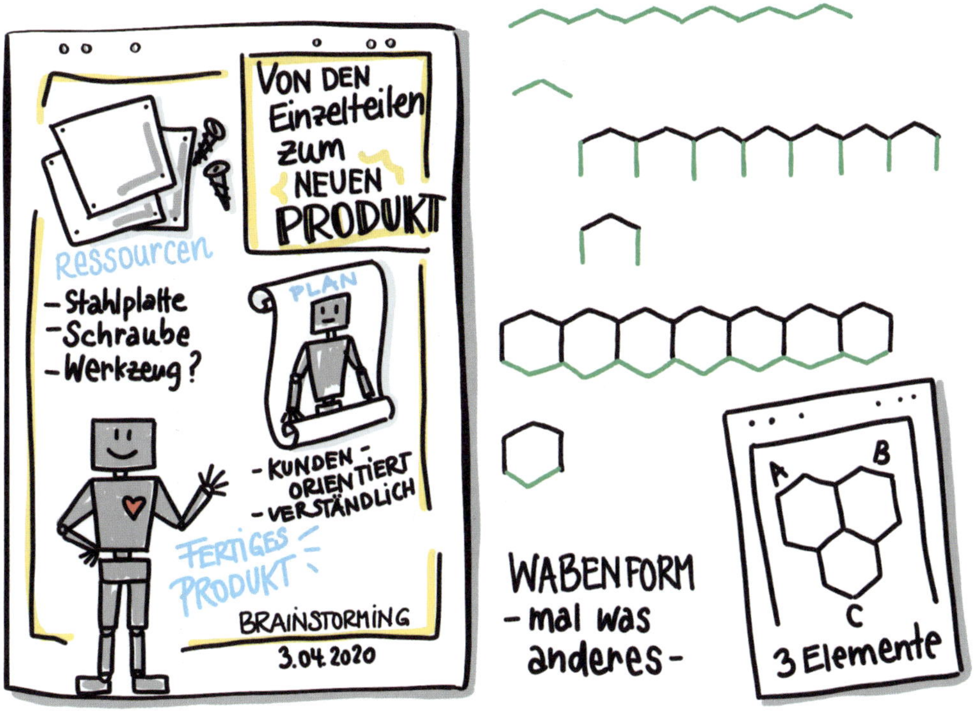

Analogien sind im Bereich der Kreativitätstechniken eine der wirkungsvollsten Methoden. Beim Visualisieren hilft das Finden einer Analogie besonders bei komplexen Konstrukten und Inhalten. Das bedeutet, du suchst nach ähnlichen Prozessen, Komponenten oder Strukturen zum Beispiel in der Natur.

Das Beispiel mit dem Honig ist nur eine von vielen Möglichkeiten, um ein nachvollziehbares Synonym zu finden, das aber leicht zu zeichnen ist, da es im Gegensatz zu abstrakten Begriffen aus realen Objekten besteht.

5.7 BILDAUSSCHNITT

Wissensvermittlung/Information **Produkt**

Arbeitsanweisung/To-do, Ergebnis, Standortbestimmung, Strategie/Planung

VARIANTE

Manchmal ist es wichtig, sich zu einem Thema auch unterschiedliche Details anzusehen. Selbst an ganz einfachen Bildern gibt es manchmal ganz unterschiedliche Aspekte zu entdecken. Hier ist die Blume ein Beispiel. In diesem Motiv steckt die Idee, sich dem Thema ganz ähnlich wie bei einem Mikroskop zu nähern. Einige Details lassen sich in der Blüte erkennen, andere am Stempel oder an den Blättern. Möglicherweise gibt es für dein Unternehmen oder dein Thema hier ein ganz anderes Bild, das du ähnlich detailliert darstellen kannst.

5.8 BILLARDTISCH

Ergebnis **Produkt**

Agenda/Pause, Arbeitsanweisung/To-do, Standortbestimmung, Strategie/Planung, Unternehmensstruktur

VARIANTEN

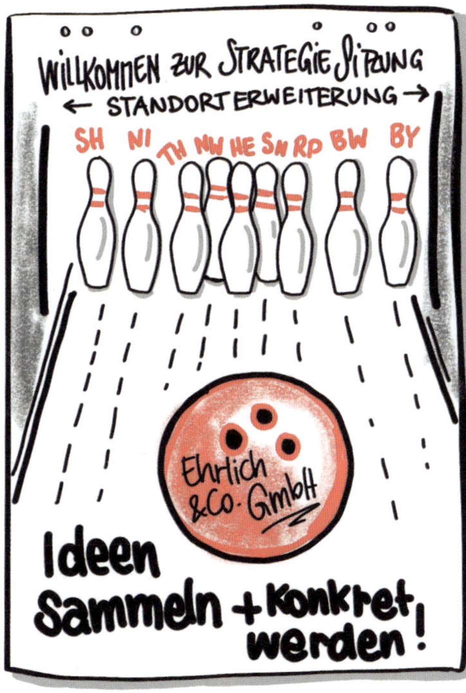

Bei einem Billardtisch denkt der ein oder andere vielleicht auch an Anstoß und dann an Physik. Wir finden, es ist ein gutes Bild für die Sachen, die übrig bleiben. Die Kugeln, die auf dem Tisch verblieben sind, sind die Dinge, die noch erledigt werden müssen, oder die, die noch im Fokus stehen sollten.

5.9 BLUME

Begrüßung **Produkt**

Agenda/Pause

BILDSYMBOLE

Es gibt nicht DIE Blumenranke, es gibt verschiedene Ideen, wie du Blumen darstellen kannst. Je nach Anlass kann das mal ein netter Gruß sein oder du möchtest ein ernstes Thema etwas selbstironisch rüberbringen.

5.10 BOOTSBAU

Unternehmensstruktur **Prozess**

Arbeitsanweisung/To-do, Standortbestimmung, Strategie/Planung, Wissensvermittlung/Information

VARIANTE

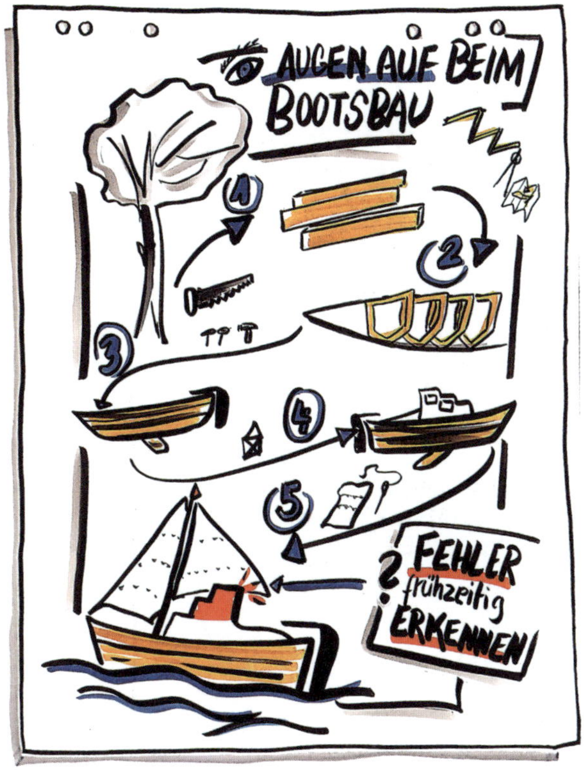

Hier geht es um Fehler und darum, dass Fehler nach Möglichkeit frühzeitig erkannt werden. Hier ist einfach die Kajüte zu groß. Was hätte der Planer vorher bedenken müssen?

Das lässt sich auch sehr gut auf Gruppenprozesse anwenden, wenn man herausstellen möchte, dass es Reibungspunkte gibt, die zwangsläufig irgendwann dazu führen, dass man handlungs- bzw. manövrierunfähig ist.

Die rote Farbe wird hier auf dem Flipchart bewusst eingesetzt, um die Reibungspunkte anzuzeigen. Rot dient hier als Signalfarbe für Gefahren. Der Blick wird auf die falsch gebaute Kajüte geleitet. Alles, was damit zusammenhängt, wird ebenfalls rot markiert. Die Farbe dient hier dazu, Zusammenhänge darzustellen, das solltest du beim Kolorieren nie vergessen.

5.11 BOOTSTOUR

Ideensammlung/Themenspeicher **Produkt**

Agenda/Pause, Arbeitsanweisung/To-do, Ergebnis, , Standortbestimmung, Strategie/Planung

BILDSYMBOLE

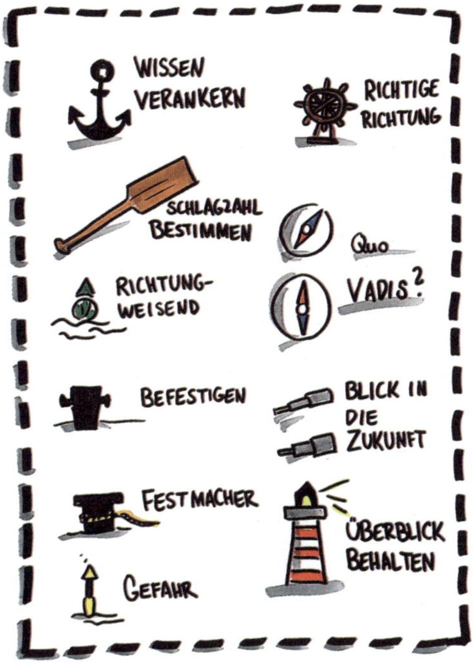

Visualisierte Interventionsfragen könnten hier sein:

- Was kann uns im Unternehmen/Projekt unterstützen?
- Was behindert uns im Prozess? Hier werden Metaphern für den Prozess mithilfe der Motive gefunden, z.B. wenn uns beim Segeln der Wind ausgeht, dann bewegen wir uns mit Muskelkraft weiter (Schlauchboot mit Paddel).
- Wie hilft uns die Schwimmweste?
- Wofür stehen Wal, Hai, Surfer in Seenot und Flipper?

Die Bildsymbole kannst du auch einzeln auf kleine Karten (Karteikarten, Moderationskarten oder elektrostatische Karten) schreiben. Diese Karten kannst du dann für Ideenfindungs- oder Feedbackrunden verwenden, wenn es darum geht, aus dem Fachthema herauszukommen, um neue Lösungen zu finden. So bleibst du visuell in der gleichen Themenwelt, wenn du dich für die Metapher mit dem Boot entschieden hast.

5.12 BÜCHERREGAL

Ideensammlung/Themenspeicher **Produkt**

Agenda/Pause, Wissensvermittlung/Information

VARIANTE

Auch wenn viele das Ende des gedruckten Buches prognostiziert haben, ist es im Gegenteil nach wie vor wichtig, wichtige Fachliteratur zu lesen, damit man auf dem neuesten Stand ist. Dafür bietet es sich an, auf Veranstaltungen Buchtipps zu sammeln. Damit die Teilnehmer wissen, wo sie die Tipps notieren können, bietet sich ein Buchregal als vorgefertigter Rahmen an.

5.13 BULLSEYE

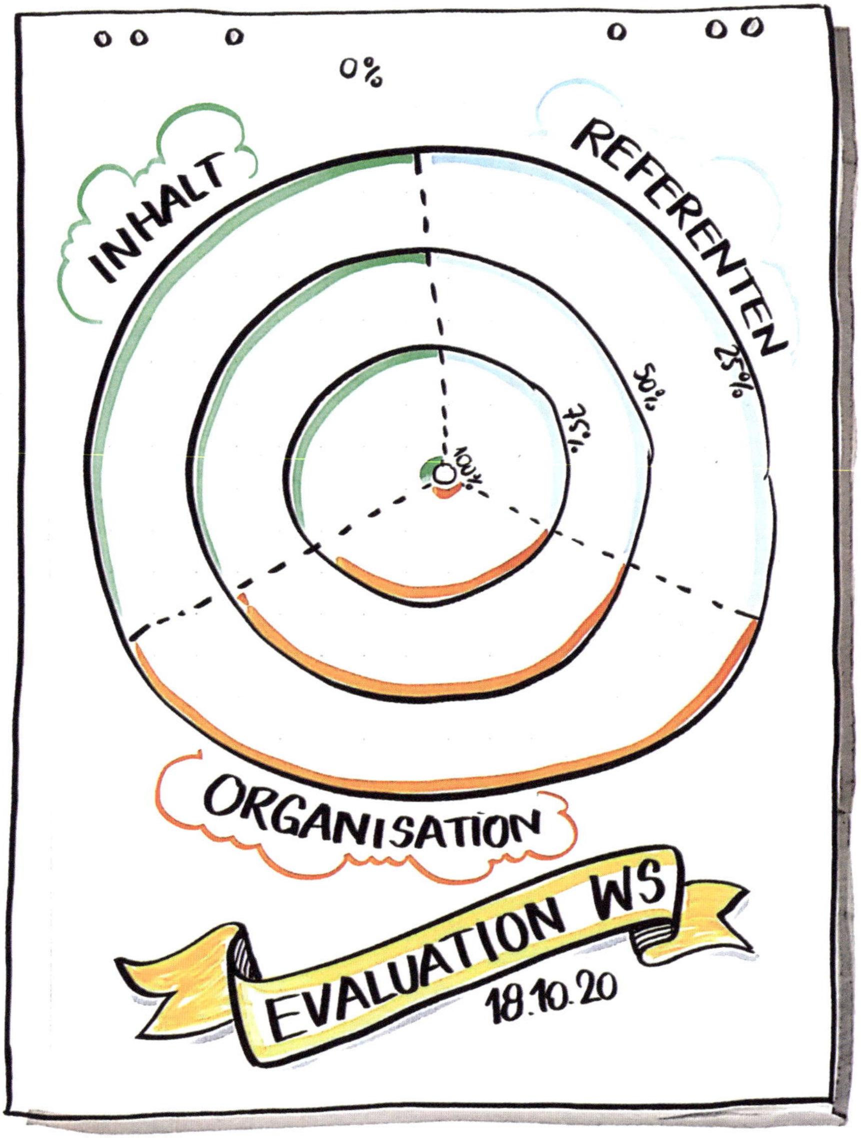

Evaluation/Feedback **Produkt**

Ergebnis, Standortbestimmung

VARIANTEN

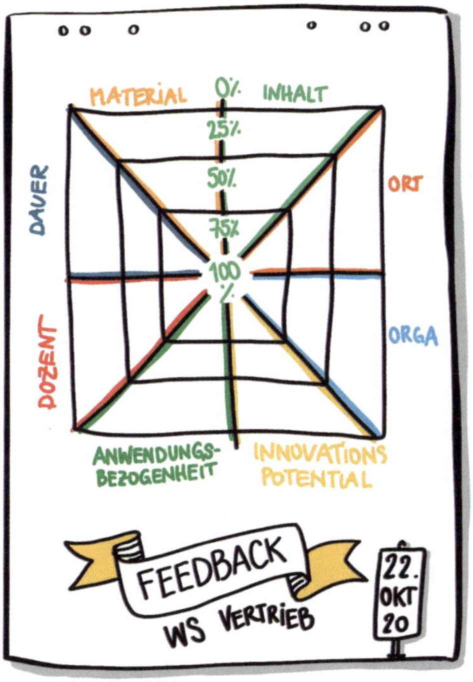

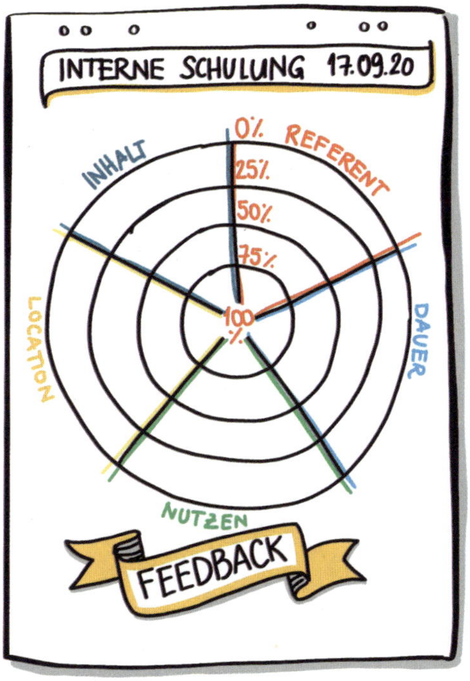

Wenn du einen Kreis in einzelne, mehr oder weniger gleichgroße Teile aufteilen möchtest, hilft dir die Uhr:

- Drei Teile bedeutet einen Punkt bei 12 Uhr, 4 Uhr und 8 Uhr.
- Für eine Vierer-Aufteilung 12 Uhr, 3 Uhr, 6 Uhr und 9 Uhr.
- Für eine Fünfer-Aufteilung nimmst du Pi mal Daumen eine 2,5-Stunden-Gliederung. Also grob bei 12 Uhr, 2:30 Uhr, 5 Uhr, 7:30 Uhr und kurz vor 10 Uhr. Oder nimm ein Quadrat als Grundform, wenn du zum Beispiel acht Teile brauchst.

5.14 BURGER

Wissensvermittlung/Information **Produkt**

Agenda/Pause, Ergebnis, Unternehmensstruktur

VARIANTEN

Metaphern aus der Welt des Essens zu nehmen, ist sehr verbreitet. Die Rezept-Analogie wird sehr gerne verwendet oder man stellt sich ein Menü oder einen Cocktail zusammen. Es gibt die Sandwich-Methode, aber im Zeitalter der Hochkultur des Grillwesens bietet sich ein Burger einfach an, um ein Aufmerksamkeit greifendes Bild auf ein Flipchart zu bringen.

TIPP Die Höhe und Anzahl der Zutaten kannst du dabei beliebig variieren und dich sparsam zurückhalten oder in die Premium-de-luxe-Kiste greifen.

5.15 COCKTAIL

Evaluation/Feedback **Produkt**

Agenda/Pause, Ergebnis, Standortbestimmung, Strategie/Planung, Unternehmensstruktur, Wissensvermittlung/Information

VARIANTEN

Cocktailgläser sind super, denn sie sind auffällig, jeder kennt sie und sie bieten die Möglichkeit, vieles miteinander zu kombinieren.

Das einfache Longdrinkglas ist am einfachsten zu zeichnen. Du kannst aber nach Belieben Varianten reinbringen und dich mit Strohhalmen, Zitronenscheiben und Schirmchen austoben. Farblich nimmt dir auch jeder ab, dass es bunt zugeht.

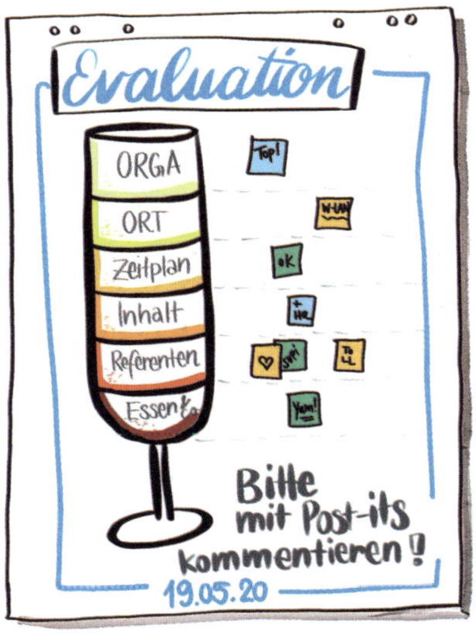

5.16 CUPCAKE

Wissensvermittlung/Information **Produkt**

Ergebnis, Begrüßung, Unternehmensstruktur

VARIANTE

Ähnlich wie der Hamburger auf Seite 143 ist der Cupcake super geeignet, ein Bildsymbol für verschiedene, eventuell auch modular funktionierende Elemente eines größeren Ganzen zu sein. Die sprichwörtliche Kirsche ist ein ebenso einfaches wie wirkungsvolles Detail.

5.17 ENTWICKLUNG DES MENSCHEN

Strategie/Planung **Prozess**

Standortbestimmung, Unternehmensstruktur

VARIANTE

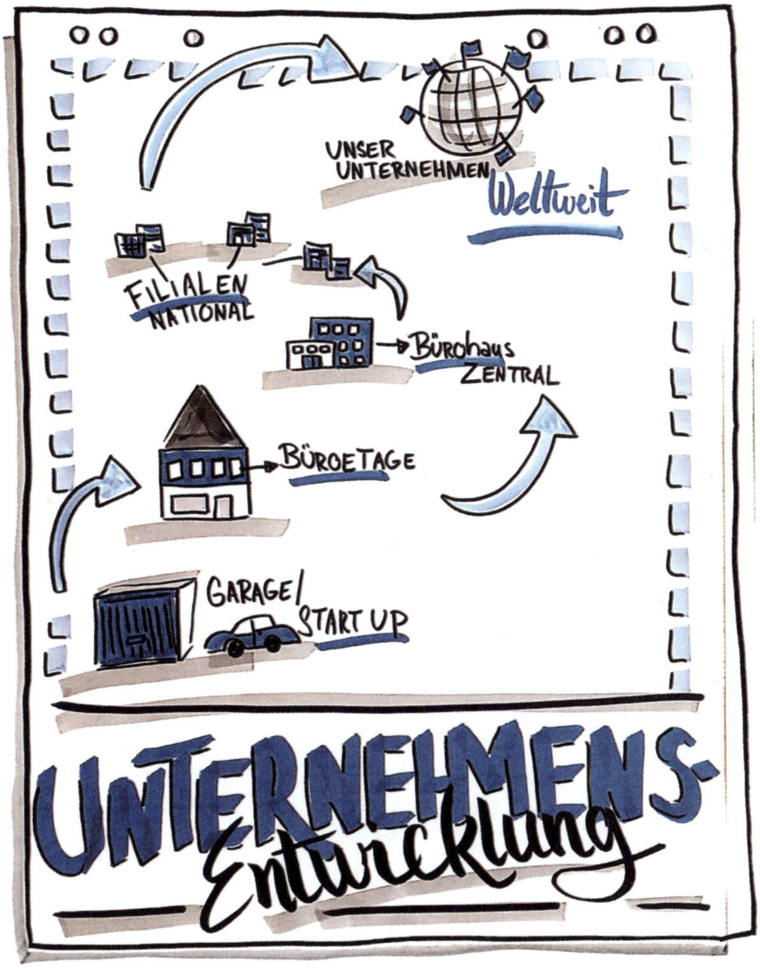

Zum Glück entwickeln wir uns als Menschen ständig weiter. Wäre ja furchtbar, wenn das nicht so wäre. Jeder kennt das und hat auch seine eigene Geschichte dazu. Aus diesem Grund eignet sich das Motiv auch sehr gut, um Entwicklungsprozesse darzustellen.

Mit diesem Motiv umgehen wir ganz bewusst die Angst, Menschen zu zeichnen, und haben Fahrzeuge ausgewählt, die sich viel einfacher zeichnen lassen.

5.18 ERNTEKORB

Evaluation/Feedback **Produkt**

Agenda/Pause, Begrüßung, Ergebnis, Evaluation/Feedback, Ideensammlung/Themenspeicher

VARIANTE

Der Erntekorb steht für die Ergebnisse, die du in deiner Veranstaltung zusammenträgst. Die sind wertvoll und dürfen auch prominent dargestellt werden. So wird aus dem Motiv auch gerne mal ein Abschlussflipchart.

Die Aufzählungszeichen bringen eine ordentliche Portion Würze auf dein Flipchart. Überlege, welche Bilder zu deinem Thema passen oder ob vielleicht mehrere Gemüsesorten passen könnten. Wichtig wäre dann, dass du diese trainierst, um die kleinen Motive im Bedarfsfall schnell aufs Blatt zu bringen.

Wichtig wäre, dass du für gleiche Dinge auch gleiche Motive benutzt wie z.B. Chilischoten für neue Ideen, die erst noch verhandelt werden müssen oder Lauchzwiebeln zur Unterstützung, um etwas ans Laufen zu bringen.

Wenn du verschiedene Aufzählungszeichen benutzt, dann muss das auch für die Teilnehmer klar sein und das Gemüsethema muss in den Kontext passen.

In den meisten Fällen ist es jedoch angebracht, sich auf einem Flipchart für eine Sorte von Aufzählungszeichen zu entscheiden, um Unruhe zu vermeiden. Solltest du dich doch für mehrere Aufzählungszeichen entscheiden, dann solltest du unbedingt eine Legende hinzufügen, damit die Teilnehmer den Überblick behalten.

5.19 FERNGLAS

Strategie/Planung **Produkt**

Ideensammlung/Themenspeicher, Standortbestimmung

VARIANTE

Neben dem Blick in die Vergangenheit oder der Auswertung der Geschäftszahlen aus dem letzten Quartal oder Monat geht es in einem Meeting meistens auch um einen Blick in die Zukunft. Hier ist das Motiv des Fernglases immer ein beliebtes Motiv.

Auf einem Aussichtspunkt angekommen, möchte man immer besonders weit nach vorne schauen und viel sehen. Das ist nicht immer leicht, zum Beispiel bei Nebel oder bei ganz allgemein schlechter Sicht. Mit dem Fernglas kannst du versuchen, Klarheit über zukünftige Ideen und Entwicklungen zu verschaffen. Hier kannst du auch notieren, was du über die zukünftige Entwicklung schon weißt.

5.20 FEUERWERK

Ergebnis **Produkt**

Begrüßung, Ideensammlung/Themenspeicher, Standortbestimmung, Unternehmensstruktur

VARIANTE

Wir glauben, dass sich kaum jemand einem Feuerwerk entziehen kann, es funkelt, knallt, ist bunt und leuchtet. KAWUMM! Zudem hat es meistens was mit Feiern zu tun. Deswegen finden wir Feuerwerke toll für Flipcharts, die sich mit erreichten Zielen beschäftigen, mit Meilensteinen, die gefeiert werden, oder mit allem anderen, was zelebriert werden sollte.

5.21 FLIPCHART UND PINNWAND

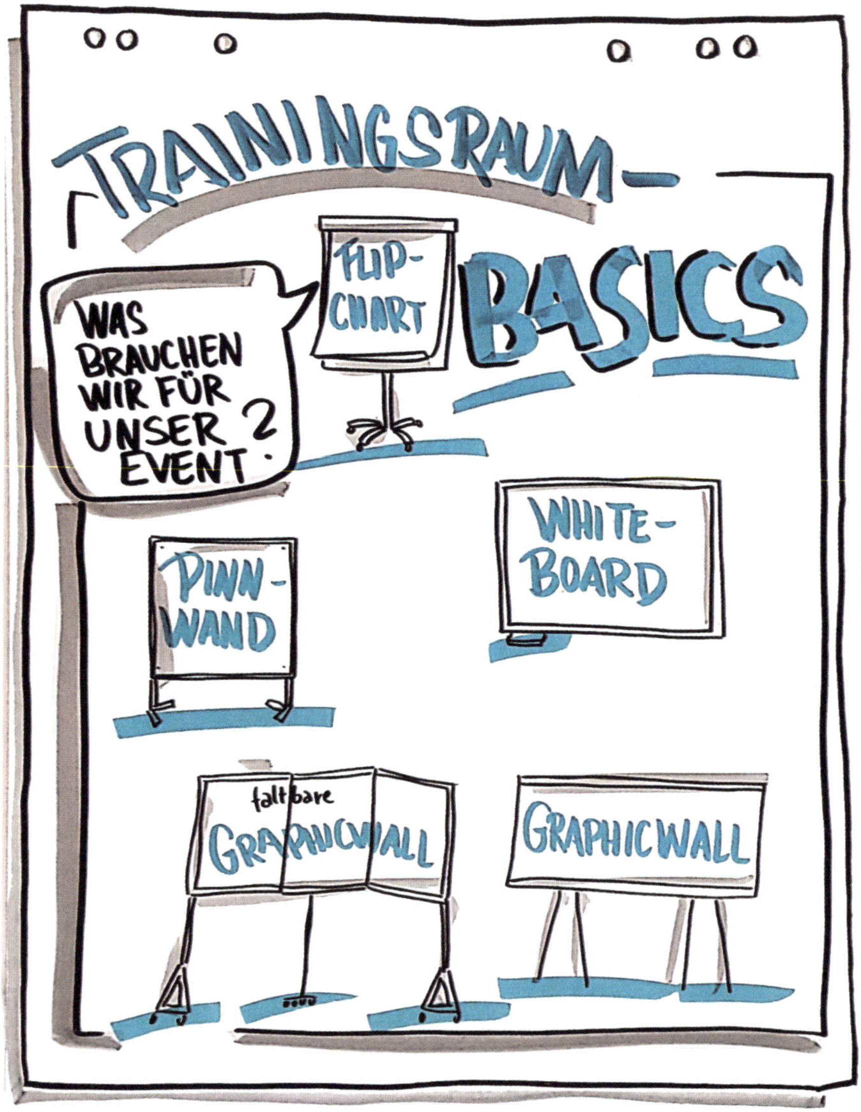

Wissensvermittlung/Information **Produkt**

Agenda/Pause, Arbeitsanweisung/To-do, Ergebnis, Ideensammlung/Themenspeicher, Unternehmensstruktur

VARIANTEN

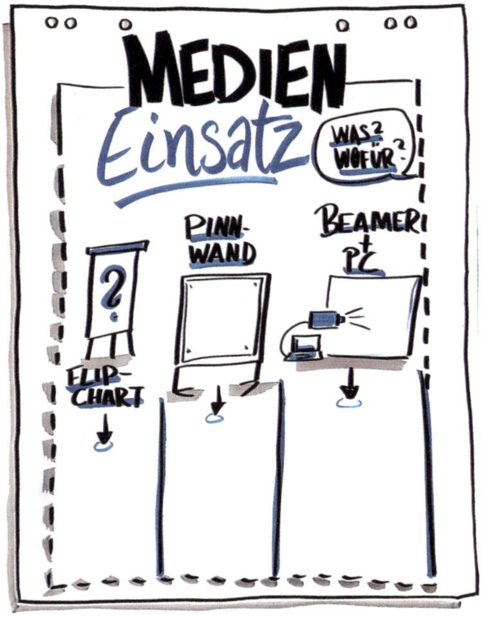

Wozu brauchst du ein Flipchart auf dem Flipchart? – Nun, warum nicht?

Du könntest eine einfache Anweisung gebrauchen, um den Teilnehmern zu zeigen, auf welchem Medium sie in diesem Moment mehr Informationen für den nächsten Arbeitsschritt finden können.

Sofern du in deiner Veranstaltung eine Übersicht über verschiedene Trainingsmedien geben möchtest, bist du mit diesem Flipchart ebenso gut ausgestattet. Wer sagt denn, dass du für die Vorstellung unterschiedlichster visueller Medien zwangsläufig eine einfache Aufzählung nehmen musst?

5.22 FLIPPER

Wissensvermittlung/Information **Produkt**

Arbeitsanweisung/To-do, Standortbestimmung

VARIANTEN

Auf der Suche nach einem Bildsymbol, das etwas komplexere unberechenbare Prozesse unterstreicht, ist irgendwann das Bild vom Flipperautomaten aufgetaucht.

Jeder weiß, du kannst sehr schnell Gewinne einfahren, aber auch ohne Chance die Kugel verlieren. In manchen Prozessen, gerade wenn es um Zukunftsplanung geht, ist es vergleichbar ungewiss.

In den Varianten siehst du Alternativen für den Flipperautomaten.

5.23 FLUGZEUG

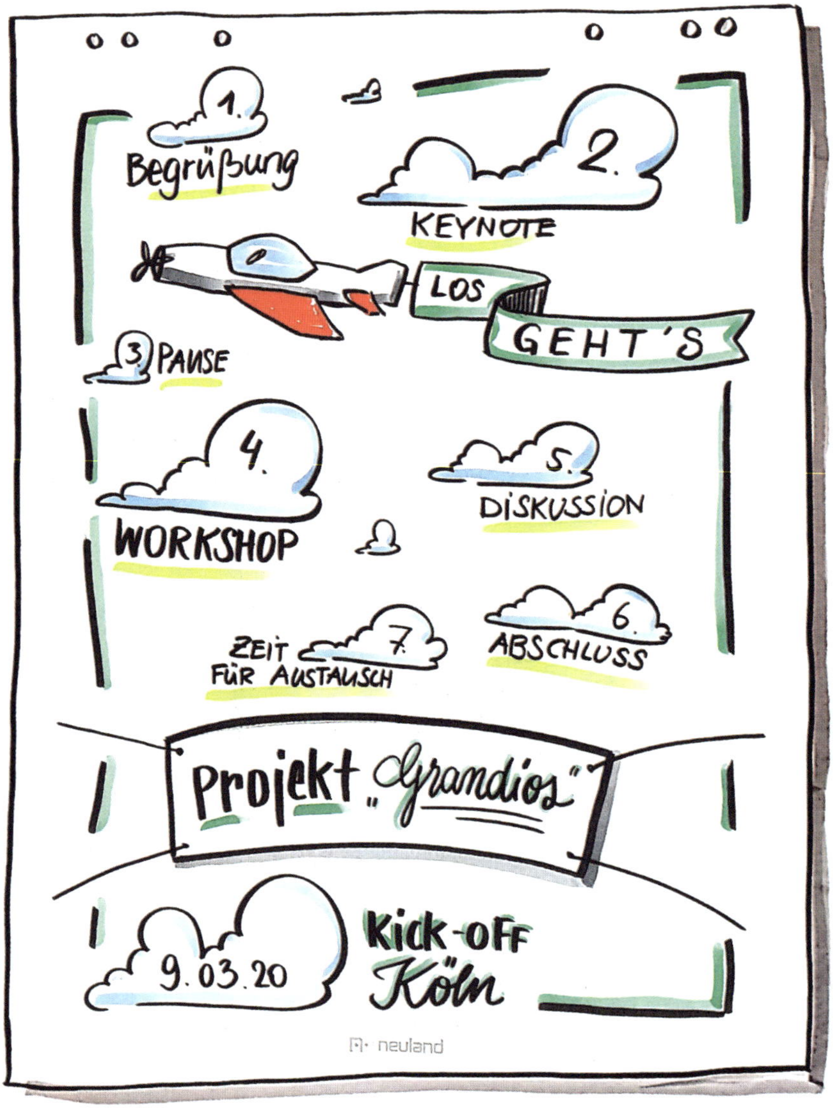

Agenda/Pause **Prozess**

Begrüßung, Standortbestimmung, Wissensvermittlung/Information

VARIANTE

Manchmal hilft es, in andere Sphären abzuheben, einen Perspektivwechsel zu durchleben oder einfach mal raus aus dem gewohnten Umfeld zu gehen, um neue Ideen zu bekommen und Betriebsblindheit abzulegen. Warum nicht mal bildlich über den Wolken schweben?

TIPP Apropos Wolken, die fungieren hier als Ankerpunkte der Agenda. Sie könnten aber genauso gut Schritte in einem Prozess darstellen. Je nachdem, wie groß du sie schreibst, kannst du Text reinschreiben oder du schreibst kleine Zahlen rein und schreibst die Programmpunkte daneben. Probier es einfach mal aus.

5.24 FRISCHER WIND

Begrüßung **Produkt**

Wissensvermittlung/Information

VARIANTE

Hier gibt es noch eine Variante zum Streifenmuster: das Schachbrettmuster, das sowohl als Bild für Strategie genutzt werden kann als auch als Kick-off oder für den Zieleinlauf. Es ist angelehnt an die Flagge beim Autorennen, die anzeigt, dass das Rennende erreicht oder dass der Trainingsturn vorbei ist.
Zurück in die Box, alles auf Null, dann können wir wieder durchstarten.

Mit dem Neuland-FatOne (30 mm oder 50 mm) oder dem Molotow-Masterpiece (60 mm) kannst du dir eine Zielflagge auf dein Flipchart zeichnen. Du ziehst damit einen 3 oder 5 cm langen Strich auf dein Flipchart und schon hast du ein Quadrat gezeichnet (s. Variante).
So zeichnest du dir auch dein eigenes Schachbrettmuster in Grau in den Hintergrund oder wie wäre es mit einer rot-weißen Picknickdecke?

AUF EIN WORT ZUM »WILLKOMMEN«

Wir wissen, dass man DAS Willkommen großschreibt. Wir wissen auch, dass man »sei herzlich willkommen« kleinschreibt. Wir kennen alle kleinen Zickereien und Besserwissereien dazu. Wer sich daran hochziehen mag, der kann das gerne tun. Wir stehen auf Lettering und schöne Flipcharts. Mal ganz ehrlich, sieht an dieser Stelle nicht ein großes W viel schicker aus?

Lass dich nicht aus der Ruhe bringen. Schau einfach, ob du deinen Teilnehmern nicht einfach ein W mit Wirkung zeigen möchtest.

5.25 FUSSBALL

Unternehmensstruktur **Produkt**

Agenda/Pause, Arbeitsanweisung/To-do, Ideensammlung/Themenspeicher, Standortbestimmung, Strategie/Planung, Wissensvermittlung/Information

VARIANTE

Fußball hilft immer irgendwie. Fußball ist eines der Themen, mit denen du wahrscheinlich fast die ganze Welt erklären kannst. Selbst wenn den meisten Menschen vielleicht die detaillierte Fachkenntnis fehlt, so weiß doch jeder, worum es beim Fußball geht.

Das kannst du bei den unterschiedlichsten Themen nutzen. Sei es, dass du Prozesse anhand einfacher Abläufe beim Fußball erklärst und sie dadurch verständlich machst oder dass du bekannte Motive nutzt und sie für eine einfache Darstellung am Flipchart einsetzt.

So eine Fußballaufstellung hat schon viel Potenzial für eine Agenda. Ein Fußballtor mit vielen Fußbällen kann die Basis für eine schöne Ideensammlung sein.

Das schöne grüne Fußballfeld wurde hier in beiden Flipcharts mit dem FatOne erstellt, den wir mit grüner Acrylfarbe gefüllt haben, weil sie kräftiger und leuchtender ist. Das grüne Feld kann dann nach dem Trocknen ganz einfach mit einem schwarzen Marker überschrieben werden. Beim schwarzen Flipchart wirkt die grüne Farbe besonders kräftig.

5.26 GANTT-DIAGRAMM

Agenda/Pause **Prozess**

Standortbestimmung, Strategie/Planung

VARIANTEN

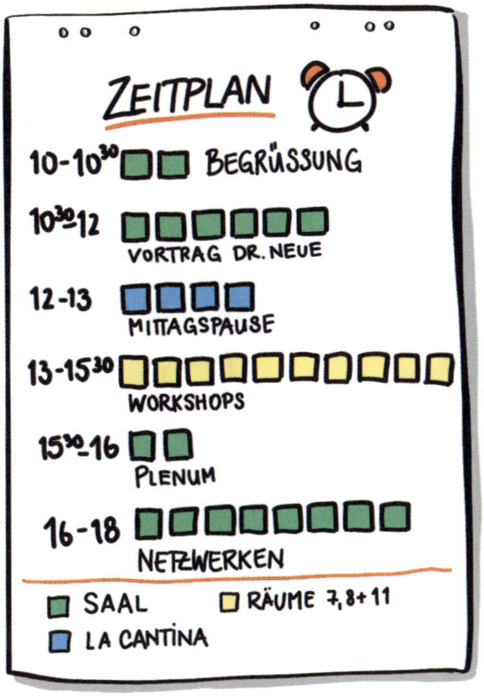

Nicht immer ist es hilfreich, eine minutiöse Planung sichtbar zu machen. Manchmal führt das bei Teilnehmern zu pedantischem Abgleich.

Diese Vorlage kombiniert

- die Orte – sichtbar durch die Farben und die Legende unterhalb
- die Dauer – sichtbar durch die Länge der Balken
- die Inhalte – sichtbar durch die Beschreibung hinter den Balken

TIPP Ist ein Balken zu lang, kann man auch in die Balken schreiben. Manchmal hilft es für eine ungefähre Abschätzung der Zeiten, kleine Formen zu wählen, die zum Beispiel für eine Viertelstunde stehen.

5.27 GIFT UND CO.

Wissensvermittlung/Information **Produkt**

Begrüßung, Ergebnis, Ideensammlung/Themenspeicher, Unternehmensstruktur

VARIANTEN

Einen Vorrat an verschiedenen Hilfsmitteln zu haben, kann nie schaden. Wir finden alte Apotheken immer sehr faszinierend mit all den Fläschchen und Döschen. Als Bildsymbol eignet sich solch eine Auswahl ganz hervorragend und du bist völlig frei: ob es – so wie im Bild auf der gegenüberliegenden Seite – eher ein wenig düster und gruselig ist oder neutral bzw. positiv wie in den Varianten auf dieser Seite.

5.28 GLÜHLAMPE

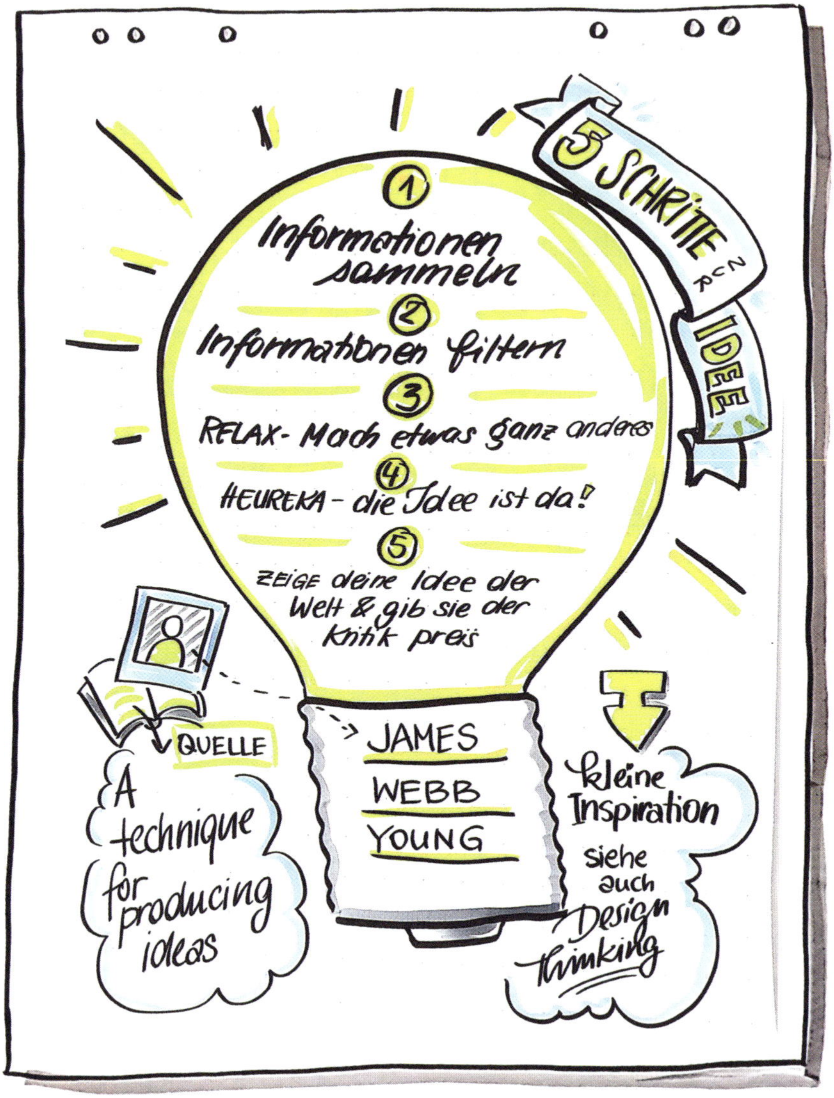

Wissensvermittlung/Information **Prozess**

Agenda/Pause, Begrüßung, Ideensammlung/Themenspeicher, Strategie/Planung

VARIANTEN

Wir mögen es oft, ein großes Bildsymbol als Rahmen zu verwenden. In diesem Fall eine große Glühlampe, die weltweit als DAS Symbol für Innovation und Idee gilt. Probier es doch mal aus. Du kannst alles als Bildrahmen verwenden, was dir einfällt. Es bieten sich aber runde, ovale oder rechteckige Grundformen eher an als beispielsweise stangenähnliche Objekte. Eine Idee ist auch, die Grundform weiß zu lassen und den Rand drum herum mit Wachsmalblöcken oder Pastellkreiden einzufärben, um so einen Negativeffekt hinzubekommen.

5.29 GRUNDFORMEN

Ideensammlung/Themenspeicher

Produkt

Ergebnis

VARIANTEN

Es muss nicht immer ein besonderes Bild sein. Hier haben wir mit ganz einfachen Grundformen gearbeitet. Trotzdem sind diese Vorlagen sehr wirksam.

Der Clou sind hier die Kombinationen der verschiedenen Größen. Bei den Kreisen sind es die Formen, die teilweise ineinander liegen. Hier wird durch unterschiedlich platzierte Schatten (hier in Hellblau) Tiefe erzeugt.

In den Kreisen sollen die Teilnehmer ihre Themen oder Ideen sammeln. In den mittleren und großen Kreisen können Stichworte gesammelt werden. In den kleinen Kreisen können zum Beispiel auch Symbole eingezeichnet werden.

Bei den Dreiecken wird die Spannung durch die verschieden großen Dreiecke erzeugt. Sie sind ungleichmäßig nebeneinander angeordnet. Dadurch wirken sie insgesamt viel dynamischer. Mit zusätzlichen kleinen Bildern, z.B. hier die kleinen Bienen kann der thematische Kontext auf einfache Weise sehr deutlich gemacht werden.

Wenn du die Grundformen miteinander kombinierst, dann solltest du darauf achten, dass sie thematisch so gefüllt werden, dass gleiche Themen in den gleichen Grundformen gesammelt werden. So kannst du z.B. alle Aufgaben in den Rechtecken notieren, alle Ideen in den Kreisen und alle gefährlichen Themen in den Dreiecken.

5.30 HEISSLUFTBALLON

Arbeitsanweisung/To-do **Produkt**

Begrüßung, Ideensammlung/Themenspeicher, Standortbestimmung, Strategie/Planung, Unternehmensstruktur

VARIANTE

So ein Heißluftballon gehört schon mit zu den klassischen Flipchartmotiven. Das Besondere daran ist, dass ein Heißluftballon immer den Blick von oben ermöglicht. Dabei ist es allgemein bekannt, dass so ein Blick von weiter oben auf einen bestimmten Sachverhalt für viel Klarheit sorgen kann.

Im ersten Motiv auf der gegenüberliegenden Seite geht es darum, dass etwas geerdet wird und die Frage nach der Basis eine wichtige Rolle spielt. Mehr Hinweise zu den Stadtmotiven findest du auf der Seite 263.

In der obigen Variante wird das Motiv als Agenda verwendet. Eine weitere Einsatzmöglichkeit ist die Standortbestimmung. Hier kannst du verschiedene »Orte« angeben und in einem kurzen Blitzlicht geben die Teilnehmer an, an welcher Stelle sie gerade stehen, zum Beispiel »Anfang«, »Erste Schritte«, »Zieleinlauf«, »Landeprozess«. Um das übersichtlich deutlich zu machen, kannst du auch Klebepunkte verteilen und die Teilnehmer bitten, ihren Standort auf dem Flipchart zu markieren.

5.31 INNOVATION

Ergebnis **Produkt**

Arbeitsanweisung/To-do, Evaluation/Feedback, Wissensvermittlung/Information

VARIANTE

Gerade wenn es um Innovationen geht, sind viele Menschen etwas schüchtern. Ganz nach dem Motto: »Ist meine Idee wirklich gut genug für die große Runde? – Na ja, eigentlich ist das ja nur ein Ideechen!« Wenn du den Ideenfindungsprozess von vorneherein mit verschiedenen Kategorien von Innovationen startest, holt das nach unserer Erfahrung auch die schüchternen Mitdenker gut ab. Das Teelicht kann dabei genauso wichtig sein wie die große hell leuchtende, aber auch Ressourcen fressende Glühlampe. Als Ergänzung kannst du zum Beispiel noch ein Streichholz (kurzzeitige Ideen) und einen Filmscheinwerfer (außenwirksame Idee) nehmen, wenn du noch mehr Kategorien brauchst.

5.32 INSELWELT

Agenda/Pause **Prozess**

Standortbestimmung, Strategie/Planung, Wissensvermittlung/Information

VARIANTE

Landkarten und besonders Seekarten sind für uns der Inbegriff für Reisen und Ortswechsel, sie geben dir eine Idee von unbekannten Ländern und können gut im Unternehmenskontext genutzt werden, um Kommunikationswege sichtbar zu machen. Palmeninseln sind überdies auch Symbole für Urlaub und Entspannung. Wir nutzen Inseln sehr gerne für Prozesse, wie Agenden oder Projektabläufe.

5.33 KAFFEEMASCHINE

Strategie/Planung **Produkt**

Evaluation/Feedback, Ideensammlung/Themenspeicher, Standortbestimmung, Unternehmensstruktur

VARIANTE

Diese Vorlage ist eine unserer typischen Stellvertreter-Charts. Die verschiedenen Kaffeemaschinen sind hier bildhafte Analogien für Dinge, die nicht unbedingt sichtbar sind. Sie können zum Beispiel für etwas stehen wie

- Softwarelösung 1 – handgemacht, ohne viel Chichi
- Softwarelösung 2 – automatisierte einfache Umsetzung und
- Softwarelösung 3 – spezielle Features, zeitaufwendig und mit zusätzlicher Manpower.

Da, wo hier Retro manuell oder Standardmaschine steht, würde dann dein Text hinpassen. So sind viele unserer Vorlagen gemeint: als Ideenlieferant.

5.34 KAKTUS

Standortbestimmung **Produkt**

Ideensammlung/Themenspeicher, Wissensvermittlung/Information

Stachelige Themen können Themen sein, die besprochen werden müssen, die aber im Team oder im Unternehmen höchst unbeliebt sind. Die Auseinandersetzung damit kostet die beteiligten Personen immer ein Höchstmaß an Konzentration. Wenn man sich aber erst mal an den Stacheln vorbeigearbeitet hat, dann zeigt sich das fruchtbare Fleisch der Pflanze. Das ist meistens eine wertvolle Ressource für das Team/ Unternehmen.

Der Kaktus ist (meist) zwar stachelig, aber im Grunde sehr genügsam im Unterhalt.

Im Zusammenhang mit der Ausbildung in einem Unternehmen steht der Kaktus für die stacheligen Themen, die den Auszubildenden noch schwerfallen oder die nicht leicht und einprägsam zu vermitteln sind. In der Prüfungsvorbereitung kann man die Auszubildenden bitten, auf einem Flipchart ihre persönlichen stacheligen Themen zu notieren, die im Rahmen der Prüfungsvorbereitung bearbeitet werden müssen. Auch hier sind die Themen zunächst stachelig, doch wenn man zum »Fleisch« vordringt, dann sind die Themen sehr wertvoll, weil sie den Prüfungserfolg sichern.

5.35 KALENDERBLÄTTER

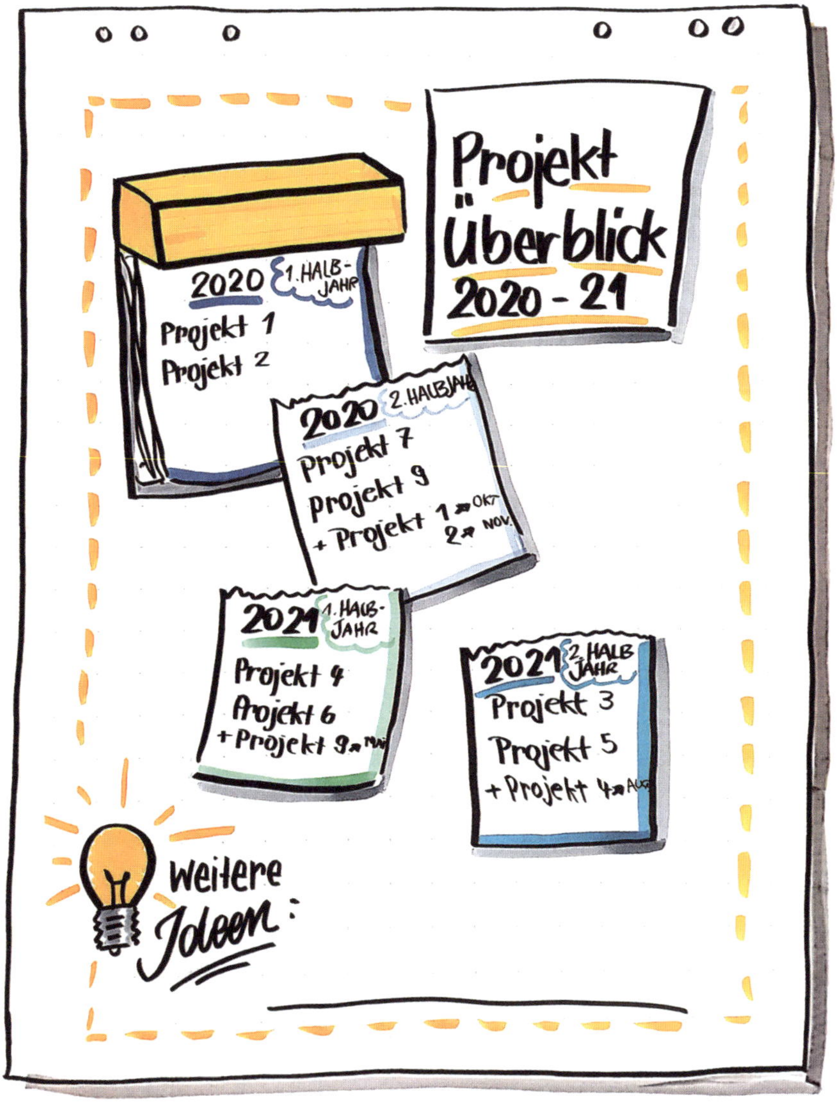

Strategie/Planung **Prozess**

Agenda/Pause, Ergebnis, Standortbestimmung, Wissensvermittlung/Information

VARIANTE

Wir lieben einfach Abreißkalender als Bildsymbol. Du hast damit einen wunderbaren Rahmen für alles, was mit Daten und Terminen zu tun hat.

Wenn du eine Deadline visualisieren willst, dann nutze doch einfach mal einen Abreißkalender mit einem Totenkopf-Symbol und einer Linie: Deadline = Todeslinie.

5.36 KINO

Wissensvermittlung/Information **Produkt**

Arbeitsanweisung/To-do, Ideensammlung/Themenspeicher

VARIANTE

Kino und Hollywood bieten ein Themenfeld, zu dem jeder etwas beitragen kann. In der Filmwelt lassen sich viele Metaphern für Lerninhalte finden. Große Kinofilme können als Hintergrundthema für dein Hauptthema stehen. Vielleicht sogar dein Lieblingsfilm?

5.37 KLEIDERSTANGE

Standortbestimmung **Produkt**

Evaluation/Feedback, Unternehmensstruktur

VARIANTE

Statt einer Punktabfrage, wie sie sich für die linke Seite anbietet, könntest du hier die Teilnehmer Ideen finden und auf dem Flipchart sammeln lassen.

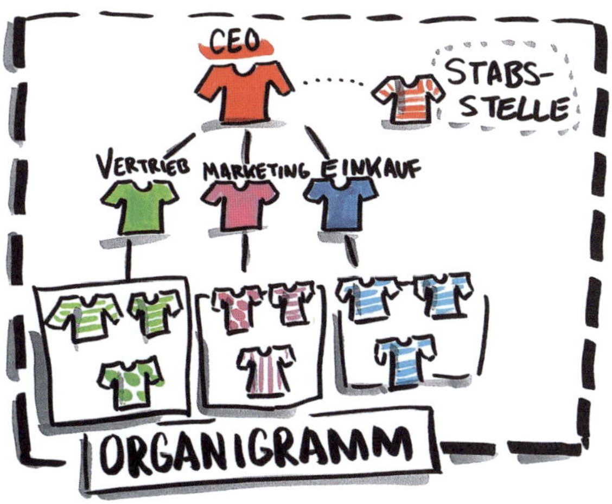

So ein Organigramm lässt sich auch sehr gut mit T-Shirts darstellen. Es sieht dann ähnlich aus wie eine Fußballaufstellung.

5.38 KLEMMBRETT

Arbeitsanweisung/To-do **Produkt**

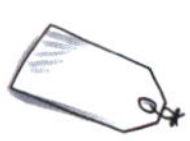

Ergebnis, Ideensammlung/Themenspeicher, Wissensvermittlung/Information

VARIANTE

Das Klemmbrett ist eine super Sache, wenn du eigentlich überhaupt nichts zu visualisieren hast, weil die Inhalte eben geschrieben werden müssen, aber du trotzdem einen Eyecatcher haben willst.

Für den Hintergrund kannst du mit einem FatOne dekorative Streifen zeichnen.
Wir nutzen es auch für die Vorstellung von neuen Produkten, Ideenpräsentationen etc.

5.39 KOMPASS

Strategie/Planung **Produkt**

Evaluation/Feedback, Standortbestimmung, Wissensvermittlung/Information

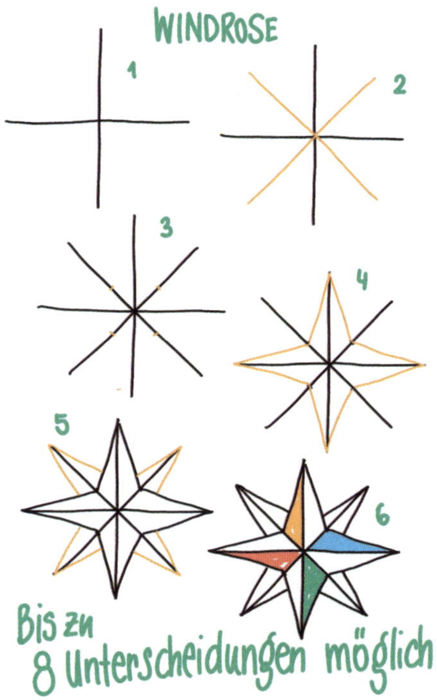

Bist du in der Lage, in den Himmel zu gucken und zu wissen, wo Norden ist? Wir definitiv nicht, aber es gibt ja Kompasse. Sie sind das omnipräsente Symbol dafür, eine Richtung zu finden. Gleichzeitig kannst du den Kompass auch sehr gut als Symbol für Ausrichtung nehmen. Wohin wollen wir uns orientieren?

Nimm alternativ nicht die Himmelsrichtungen, sondern statt NOSW so etwas wie Produkt, Prozess oder Kunde, Lieferant, Kooperationspartner.

5.40 KREUZFAHRTSCHIFF

Unternehmensstruktur **Produkt**

Begrüßung, Wissensvermittlung/Information

VARIANTE

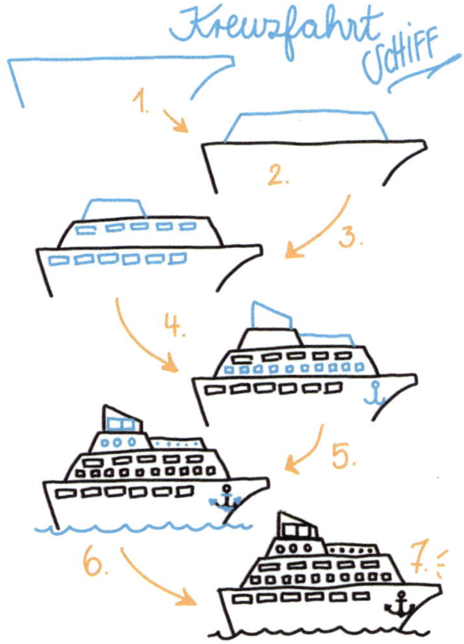

Ähnlich wie das Segelschiff auf Seite 259 nehmen wir hier Fahrt auf. Solch ein Kreuzfahrtschiff ist aber vielmehr eine schwimmende Stadt als ein Segelschiff, wo alle mit anpacken müssen. Bei der modernen Variante des Seevehikels kannst du wunderbar die verschiedenen Etagen nutzen und damit Organigramme oder Unternehmensstrukturen sehr effektvoll verbildlichen. Also: Leinen los!

5.41 KUCHENBACKEN

Wissensvermittlung/Information **Prozess**

Arbeitsanweisung/To-do, Agenda/Pause, Strategie/Planung

VARIANTE

Hier haben wir schöne Beispiele für den Seitenaufbau von Prozessen, bei denen immer ein Schritt nach dem anderen kommt. Auf dem Flipchart auf der gegenüberliegenden Seite ist oben nebeneinander die Basis für den Prozess abgebildet, mit einer Klammer darunter, die die gleichberechtigten Elemente gemeinsam in den Ablauf holt. Dann geht es mit Pfeilen weiter.

Wenn du ein wenig im Zickzack arbeitest, passt mehr auf ein Chart, als klassisch untereinander geschrieben.

5.42 KÜHLSCHRANK

Unternehmensstruktur **Produkt**

Standortbestimmung, Wissensvermittlung/Information

Der Kühlschrank steht für Frische, Kühle, Kälte, aber auch Klima. Das sind Begriffe, die auch im Unternehmenszusammenhang immer mal wieder auftauchen. Da ist das Unternehmensklima, der Unternehmensklimaindex oder auch der Geschäftsklimaindex.

STRICH-FÜR-STRICH-ANLEITUNG

Eine weitere Betrachtung bieten hier die Inhalte des Kühlschranks. Wie viele Produkte welcher Art habe ich in meinem Kühlschrank und wie viele davon brauche ich? Betrachten wir mal die Milch. Wie viel Milch braucht so ein Unternehmen? Wie viele Milchpackungen müssen gleichzeitig geöffnet sein? Da gibt es zum Beispiel die Marketing-Milch, die HR-Milch, die Logistik-Milch. Sind die alle gleich? Warum kann man sich nicht eine Milch teilen? Was sind die Unterschiede?

Das alles sind Aspekte, um über das Bild in eine intensive Diskussion einzusteigen.

5.43 LAGERFEUER

Wissensvermittlung/Information **Produkt**

Begrüßung, Strategie/Planung

VARIANTE

Wenn du das Flipchart von der gegenüberliegenden Seite als Willkommens-Flipchart verwendest, bietet es sich an, für weitere Flipcharts einige Details daraus zu verwenden. Hier sind es die Ideen rund ums Lagerfeuer, die mal mehr und mal weniger brisant sind.

5.44 LAMPEN, LICHT

Arbeitsanweisung/To-do **Produkt**

 Ideensammlung/Themenspeicher

Die Lampen auf der gegenüberliegenden Seite sollen viel Licht ins Dunkel bringen und Wissenslücken erhellen, dabei ist es nicht zwingend notwendig, dass du alle diese Lampen auf dein Flipchart bringst, sondern überlegst, mit welchem Licht du am besten in deinem Projekt für Klarheit sorgst. Ist es die Klarheit einer einfachen Tischlampe oder braucht es die verschlungene Komplexität eines Kronleuchters?

VARIANTE

Auf diesem Flipchart findest du rechts unten eine kleine Schreibtischlampe, die kannst du auch sehr gut dazu verwenden, wenn du einem Wort auf dem Flipchart mehr Bedeutung geben möchtest. Es ist immer ein heiterer Moment, wenn die kleine Lampe über dem Wort steht. Im Grunde erhellt die Lampe den Text nicht, sondern holt ihn nur hervor. Schon das erleben die Teilnehmer im Raum als heller. Oft ist das auch eine unterhaltsame Intervention. Also Humor, also Vorsicht!

5.45 LAMPIONS

Ideensammlung/Themenspeicher **Produkt**

Agenda/Pause, Ergebnis, Evaluation/Feedback

VARIANTE

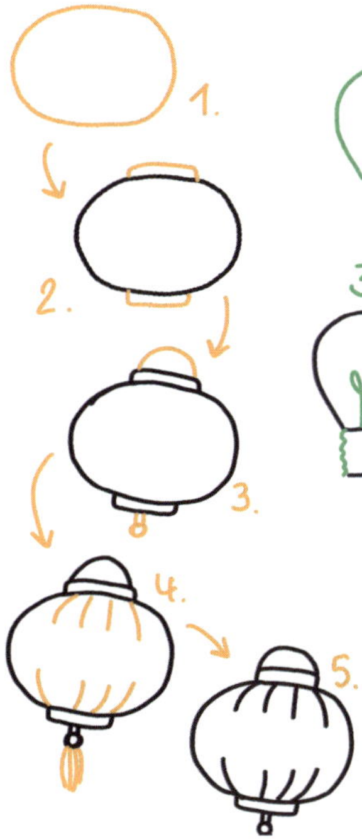

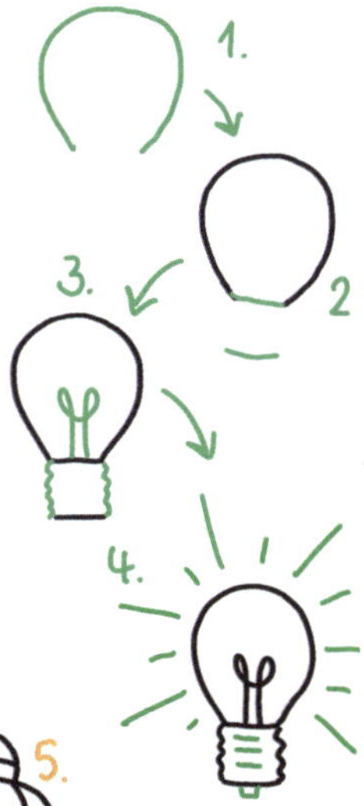

Ideen werden gerne mit etwas verknüpft, das Strahlkraft hat oder leuchtet. Meistens sind es Glühlampen.

Aber warum nicht auch mal andere Wege gehen? Hier haben wir chinesische Lampions genommen. Aber du kannst auch mit verschiedenen realen Flammen experimentieren oder mit den typischen Glühlampen.

Wenn du die Ideensammler schon vorab zeichnest, solltest du ungefähr wissen, mit wie vielen Ideen du rechnen kannst. Wenn du das gar nicht einschätzen kannst, nimm die Vorlage als Hintergrund und beklebe sie mit Klebezettel. Erfolgt am Ende noch eine Auswahl, kannst du die »Gewinner« ins eigentliche Chart nachtragen.

5.46 LANDSCHAFT

Wissensvermittlung/Information **Produkt**

Standortbestimmung, Strategie/Planung, Unternehmensstruktur

VARIANTE

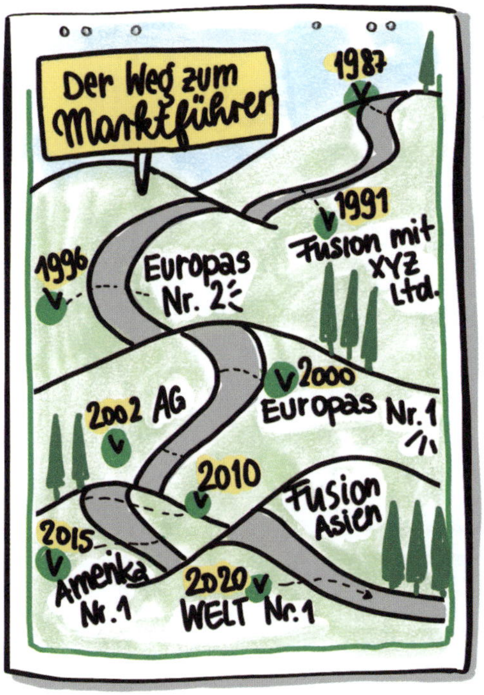

Landschaften sind eine wunderbare Möglichkeit, Stimmung und Atmosphäre auf ein Flipchart zu bekommen. Auf ins Gebirge, einen steilen Aufstieg gemeinsam meistern oder doch ein Abenteuer in ferner Wüste erleben. Landschaften sind einfach zu zeichnen und dabei sehr wirkungsvoll. Sie eignen sich auch hervorragend, um ein gemeinsames Leitbild zu entwerfen. Müssen wir für den nächsten Meilenstein nur einen Felsvorsprung überklettern oder gleich den ersten Gipfel erreichen?

5.47 LAPTOP UND MONITOR

Wissensvermittlung/Information **Produkt**

Arbeitsanweisung/To-do

VARIANTE

Eine der wichtigsten Informationen ist bei vielen Veranstaltungen das WLAN-Passwort. Um es für alle auch aus der Entfernung gut sichtbar zu machen, kannst du einen Laptop als Rahmen nutzen, oder – wie in der Variante – nur einen Monitor.

5.48 LITFASSSÄULE

Ideensammlung/Themenspeicher **Produkt**

Agenda/Pause, Begrüßung, Ergebnis, Evaluation/Feedback, Wissensvermittlung/Information

VARIANTE

Litfaßsäulen gibt es schon seit dem vorletzten Jahrhundert. Heute sind manche beleuchtet und drehen sich, aber nach wie vor ist die Riesenrolle ein beliebtes Marketing-Werkzeug. Die Werbesäule gehört zu den Vorlagen, die du gut, so wie hier links zu sehen, vorbereiten kannst und dann während der Veranstaltung füllst. Du kannst diese Art von Vorlagen auch sehr gut benutzen, wenn du durchgehend Informationen sammeln willst und die Teilnehmer selbst über den Tag verteilt etwas eintragen sollen. Das funktioniert dann wie ein Themenspeicher, der von den Teilnehmenden gefüllt werden kann. Du stellst nur den etwas schickeren Rahmen zur Verfügung.

5.49 LUPE

Standortbestimmung **Produkt**

Ideensammlung/Themenspeicher, Strategie/Planung

VARIANTE

Die Lupe ist eines der Bildsymbole, die wir am häufigsten verwenden. Manchmal nutzen wir auch den Platz in der Linse, um das, was im Fokus steht, hineinzuschreiben oder -zuzeichnen. Hier schwebt die Lupe aber über all dem, was es noch zu notieren gilt.

Wenn bei dieser Vorlage ein Blatt nicht reicht, zeichne doch auf dem zweiten nicht alles noch einmal. Ich nehme allerdings exakt die gleichen Pfeile und schreibe oben drüber >Fortsetzung „TITEL"< zur Orientierung.

5.50 MARKTSTAND

Arbeitsanweisung/To-do **Produkt**

Ideensammlung/Themenspeicher, Unternehmensstruktur

VARIANTE

So ein Markt der Möglichkeiten kann sowohl Produkte beinhalten als auch Fähigkeiten, Fertigkeiten und Kenntnisse von Mitarbeitern oder Teammitgliedern.

Hier geht es ganz bewusst darum, die Vielfalt anzubieten und wertzuschätzen. Jede Eigenschaft findet zunächst mal auf dem Markt der Möglichkeiten einen Platz. Alle Eigenschaften sind Teil des großen Ganzen und können dann, wenn sie erst mal präsent sind, auch entsprechend eingesetzt werden.

5.51 MESSBECHER

Strategie/Planung **Produkt**

Arbeitsanweisung/To-do, Evaluation/Feedback, Ideensammlung/Themenspeicher, Wissensvermittlung/Information

ALTERNATIVEN

Ein Messbecher ist ein anerkanntes Werkzeug, um Zutaten im richtigen Verhältnis miteinander zu mischen. Am Ende kommt im besten Fall etwas Gutes dabei heraus.

VARIANTE

Das Bild lässt sich sehr gut auf die Zusammensetzung eines Teams mit allen seinen Kompetenzen und Fähigkeiten anwenden.

Wenn es mal schnell gehen soll, dann kommt auch gerne mal alles in den Mixer. Das muss nicht negativ sein.

5.52 METHODENKOFFER

Wissensvermittlung/Information **Produkt**

Begrüßung, Ergebnis, Ideensammlung/Themenspeicher

VARIANTE

Wer kennt ihn nicht, den Methodenkoffer? Er ist eine großartige Bildmetapher für alle Methoden, Vorgehensweise und ähnliches, das der Lehrende mit dabei hat oder dafür, was vermittelt werden soll. Du kannst es ganz klassisch nach dem Motto visualisieren „Ich packe meinen Methodenkoffer und nehme mit..." Der Koffer kann aber natürlich auch für andere Einsatzzwecke genutzt werden.

Wenn es um geöffnete Objekte geht, in die du etwas packen kannst oder aus denen du etwas hervorzaubern kannst, nehmen wir auch gerne einen Karton oder eine Box. Das ist ein sehr gutes Bildsymbol für Dinge, die man einfach transportieren kann und manchmal ist es auch hilfreich, schnell ein „Think out of the box" zu visualisieren.

5.53 MOODBOARD

Ideensammlung/Themenspeicher **Produkt**

Agenda/Pause, Ergebnis, Evaluation/Feedback, Wissensvermittlung/Information

VARIANTEN

Im Barock hat man gerne umgedrehte Leinwände mit Bändern bespannt und dort seine wichtigen Notizen, Briefe etc. gesammelt. Tanja hat ein Blumengitter mit einer Gummikordel zu einem Moodboard umgerüstet. Andere wiederum nutzen Pinterest, um den Überblick über Merkenswertes aller Art zu behalten. Auf dem Flipchart zeichnen wir alles für die Ideensammlung vor bis auf die Sachen, die hinter die Bänder geklemmt werden. Diese Inhalte kommen dann während der Veranstaltung dazu.

5.54 MÜLLEIMER UND EINKAUFSNETZ

Evaluation/Feedback **Produkt**

Standortbestimmung

BILDSYMBOLE

Kein Zweifel, dies ist ein echter Klassiker in Seminar und Workshop. Die Methoden sind gleich, aber die Mülltonnen, Papierkörbe etc. haben sich geändert: Fragen dazu sind:

- Welche Erkenntnisse nimmst du mit?
- Was war dir weniger wichtig?
- Was genau wirst du gleich einsetzen?

5.55 NADELKISSEN

Ideensammlung/Themenspeicher **Produkt**

Arbeitsanweisung/To-do, Standortbestimmung

BILDSYMBOLE

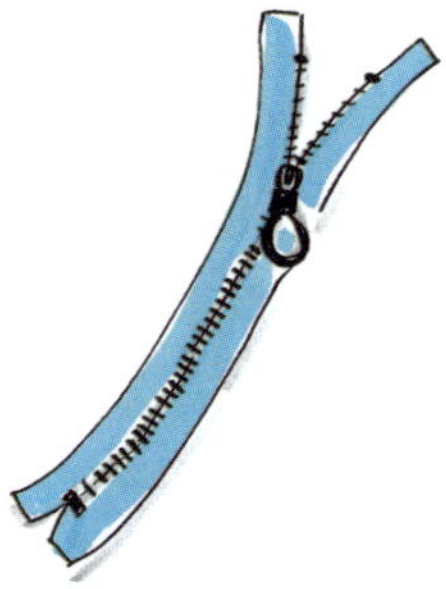

Ein Reißverschluss findet sich ebenfalls immer in einer guten Zubehörbox fürs Hobbyschneidern. Auf einem Flipchart kann dieser dafür stehen, dass man die Theorie und die Praxis sehr gut miteinander verzahnt oder verbunden hat.

So ein Nadelkissen kann man ganz unterschiedlich betrachten. Sehr positiv als Hobbyschneiderin zum Beispiel, denn es ist eins der wichtigsten Tools. Es ist wahnsinnig hilfreich, um alle Nadeln beisammenzuhaben, um sie ganz schnell einsetzen zu können und mit dem Nähen voranzukommen.

Wenn es im Projekt hakt, dann könnte man sich fragen, ob es so etwas wie 1000 Nadelstiche gibt, die das Projekt boykottieren, und welche ganz genau das wohl sein könnten.

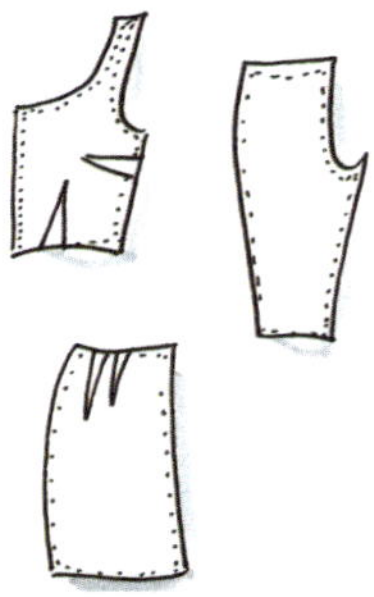

Ein Schnittmuster kann, muss aber nicht, für Kleidung daherkommen. Die einzelnen Teile können hier auch für die einzelnen Teile eines Projektes stehen, das man am Ende mehrdimensional zusammengesetzt betrachten kann.

Sehr gut ist für die Verbindung verschiedener Schnittmusterteile auch die Zusammenarbeit in unterschiedlichen Abteilungen eines Unternehmens. Präzise ausgemessene und zusammengesetzte Schnittmusterteile geben ein mehrdimensionales Ganzes.

Das zart ausgerädelte Muster kann ganz unterschiedliche Bilder enthalten. Es kann auch für das »Spruren hinterlassen« stehen.

5.56 ORTE – REGIONEN

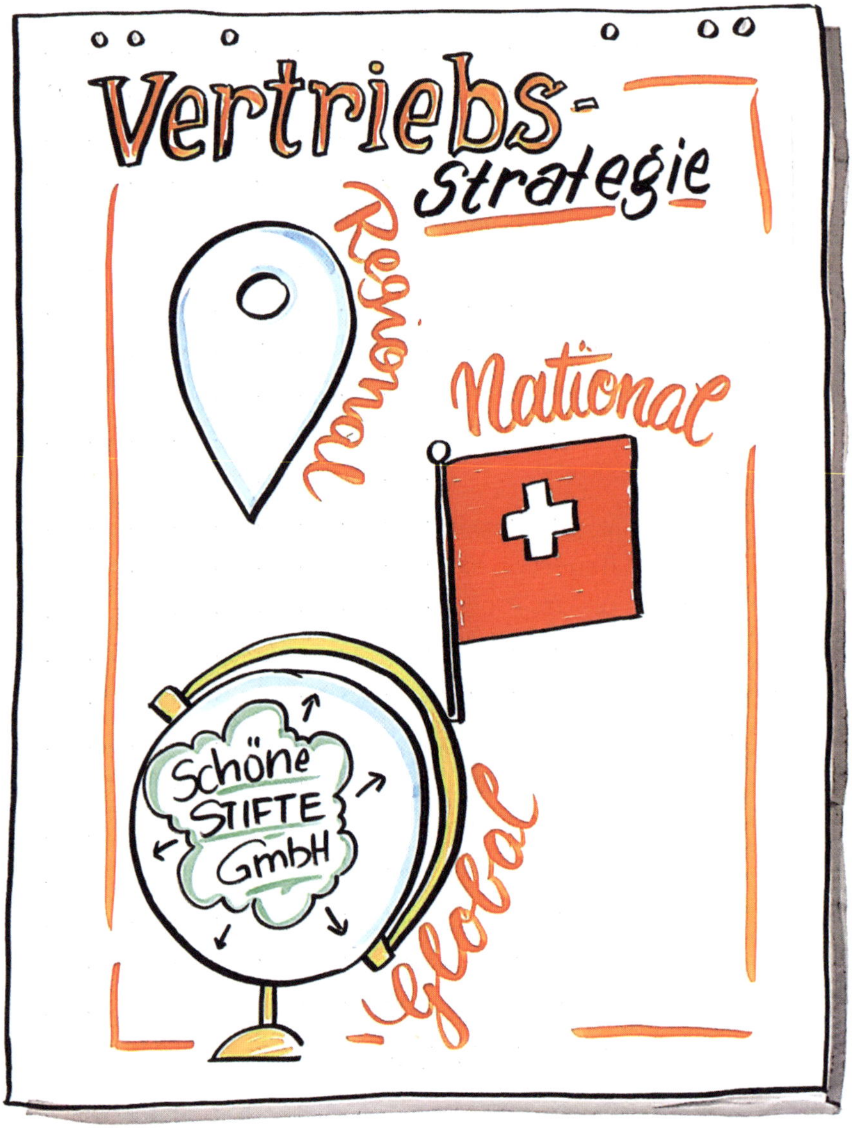

Wissensvermittlung/Information Produkt

Standortbestimmung, Unternehmensstruktur

Das Maps-Symbol ist für uns das klassische Symbol für »lokal« oder »regional«. Die Flaggen von Ländern benutzen wir für »National«. Die Europaflagge mit den Sternen steht für Europa und der Globus für die Welt oder eben als globales Symbol. Das ist die einfachste und schnellste Möglichkeit, eine bildliche Unterscheidung der verschiedenen Einsatzzwecke zu schaffen.

5.57 PAUSEN

Agenda/Pause

Produkt

Unternehmensstruktur

VARIANTE

Getränke können gut für Zeitdauern stehen. Ein Espresso ist schneller getrunken als eine große Tasse kochend heißer Tee, einen Latte macchiato zu brühen, braucht länger, als ein Glas Wasser einzuschenken. Mach dir dieses Allgemeinwissen zunutze und nimm die verschiedenen Getränkearten und Zubereitungen als Bildsymbol für längere oder kürzere Pausen.

5.58 PFLANZEN

Evaluation/Feedback **Produkt**

Ergebnis, Standortbestimmung, Strategie/Planung, Unternehmensstruktur

VARIANTEN

Eine Sache, die wir bei vielen Workshops erlebt haben, ist eine 7-stündige Druckbetankung durch einen Menschen und eine PPT-Präsentation. Das möchten wir nie wieder durchstehen müssen. Uns ist daher wichtig, dass bei der Evaluation eines Workshops auch bewertet wird, wie abwechslungsreich das Thema vermittelt wurde. Hier ist eine Vorlage mit Blumen, du kannst aber auch einen Marktstand nehmen, eine LP mit jeweiliger Songauswahl, eine Pralinenschachtel oder einen Candybar, einen Salatteller oder eine Werkzeugkiste. Oder was auch immer dir einfällt, wo Abwechslung besser ist als Monotonie.

5.59 PLAN – PROJEKTNACHBEREITUNG

Ergebnis

Ideensammlung/Themenspeicher, Standortbestimmung

Prozess

VARIANTEN

Auch wenn dein Plan gar nichts mit einer realen Landkarte zu tun hat, hilft die Bildmetapher, auf den ersten Blick zu zeigen, es geht um einen Plan oder etwas, was zu planen ist.

Du kannst dir das Leben auch sehr leicht machen und nur das Basis-Flipchart von Seite 73 nehmen und als Symbol in die rechte untere Ecke das Maps-Standort-Symbol aus dem Netz einfügen. Das steht bei uns immer für Standortbestimmung und damit auch für etwas, was von hier aus getan werden sollte. Oder nimm eine ganz andere Variante, zum Beispiel die Vision mit dem Fernglas oder die Meilensteine.

5.60 PRODUKTENTWICKLUNG

Arbeitsanweisung/To-do **Produkt**

Ideensammlung/Themenspeicher, Strategie/Planung

VARIANTE

Um den Gedankenfluss anzuregen, kannst du das Flipchart von der gegenüberliegenden Seite nutzen. Das Motiv soll das Team ans Denken bringen. Dabei ist es ganz egal, um welches Produkt es sich handelt. Auch wenn du deine Produkte nicht in einem Chemielabor entwickelst, hat Produktentwicklung doch immer etwas zu tun mit der Kombination unterschiedlichster Ideen, Fähigkeiten und Fertigkeiten.

Die Variante des Flipcharts ist die Wiederaufnahme des Motivs zum Strukturieren der Ideen. Hier kannst du zum Beispiel mit Klebezetteln arbeiten.

Bitte die Teilnehmer, ihre Ideen zu den einzelnen Produkten auf Klebezetteln zu notieren und unter den entsprechenden Produkten anzuheften.

Statt einer Ideensammlung könntest du auch eine gemeinsame To-do-Liste erstellen, um hinterher zu sehen, wer was zu welchem Produkt beitragen wird.

5.61 RAHMENGALERIE

Ideensammlung/Themenspeicher **Produkt**

Agenda/Pause, Unternehmensstruktur

VARIANTE

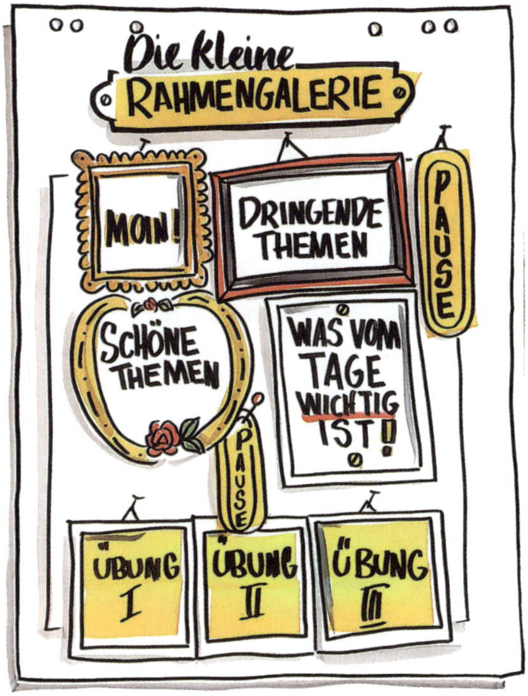

Fragestellung für einen Themenspeicher könnte sein:

Welche Inhalte dürfen wir nicht aus dem Blick verlieren?

Jedes Thema bekommt hier einen Rahmen. Sofern die Themen nicht im Training weiterbearbeitet werden, könnte das Flipchart am Ende des Tages auch auseinandergeschnitten werden, und die Themen, die noch nach der Veranstaltung bearbeitet werden sollen, werden jeweils in einem Rahmen an die verantwortlichen Bearbeiter übergeben.

Dieses Motiv eignet sich auch sehr gut für die Darstellung eines Organigramms. Wenn nötig, können die Rahmen mit unterschiedlichen Funktionen mehr oder weniger aufwendig verziert dargestellt werden. Einerseits um einen Überblick zu gewähren, andererseits um einen Missstand im Unternehmen aufzuzeigen.

5.62 RAUMFAHRT

Standortbestimmung **Produkt**

Agenda/Pause, Begrüßung, Strategie/Planung, Wissensvermittlung/Information

VARIANTE

Dieses Buch erscheint im 50. Jubiläumsjahr der Mondlandung. Niemand weiß, wann oder ob überhaupt jemals ein Mensch auf einem anderen Planeten wohnen wird, aber seit Langem beschäftigen sich Literatur und Filmemacher mit dieser Möglichkeit. Warum also nicht auch ein Flipchart mit neuen Märkten auf fernen Planeten zeichnen?

5.63 DER ROTE FADEN

Agenda/Pause **Prozess**

Ideensammlung/Themenspeicher

VARIANTE

Das obige Flipchart eignet sich als Themenspeicher. Hier dienen die kleinen Garnrollen als Aufzählungszeichen.

Alternative rote Fäden sind entweder passend für eine bestimmte Zielgruppe oder Themen. Wolle ist dicker als das Garn auf der Rolle und könnte eine stärkere Verbindung sein. Das Tau ist eine starke Verbindung, diese kann aber instabil werden, wenn man die Enden nicht gegen das Aufdrehen und Auseinanderfallen sichert. Das kann eine Metapher für ein sich veränderndes Team sein, das auch den Blick nach außen halten muss. Wer von außen hat ein Interesse, das Team zu trennen? Wie kann man sich dagegen schützen?

5.64 SÄULEN

Wissensvermittlung/Information

Prozess

Begrüßung, Ergebnis

VARIANTE

Säulen sind eine solide Sache. Klar, manche Säule steht schon eine Ewigkeit, zumindest über viele Jahrhunderte. Manche Säule ist zwar mit der Zeit etwas windschief, aber dennoch hält sie. Denke nur mal an die alten griechischen Bauwerke, die wir auch in heutiger Zeit noch bestaunen können.

Kein Wunder daher, dass man sie sehr gut für Metaphern verwenden kann, wenn es darum geht, Stabilität zu zeigen. Wenn du Themen hast, die sich zum Beispiel in drei oder fünf gleichwertige Themenbereiche gliedern lassen, dann kannst du das Bild nutzen. Stelle dir die Frage: »Was muss passieren, damit wir einen Zustand X erreichen?« Im zweiten Beispiel kann die Frage lauten: »Was ist notwendig, um eine solide Altersvorsorge zu sichern?« Hier sind es drei Säulen, die das gewährleisten sollen.

Sicher fällt dir hier etwas zu deinem Thema ein.

5.65 SCHACH

Begrüßung **Produkt**

Wissensvermittlung/Information

VARIANTE

Schach ist ein Strategie-Spiel und genau deswegen bieten sich Schachfiguren supergut an, um als Bildsymbol dein Flipchart aufzupeppen. Wir nehmen gerne Springer und den Turm, weil die charakteristisch sind und nicht so schwer zu zeichnen.

Wenn du mit der Schachbrettstruktur etwas machen willst, mache die einzelnen Felder größer, fülle die schwarzen mit einem FatOne aus und beschreibe sie dann mit einem Acrylmarker. Das ist sehr effektvoll.

5.66 SCHATZKARTE

Agenda/Pause **Prozess**

Begrüßung, Standortbestimmung, Wissensvermittlung/ Information

ALTERNATIVE RAHMEN

Abhängig vom Zusammenhang, in dem die Karte eingesetzt werden soll, gibt es verschiedene Rahmen, die du dafür nutzen könntest. Eine Schatzkarte ist etwas Besonderes, sie ist erfahrungsgemäß schon etwas abgegriffen. Daher passt hier auch mal ein eingerissener Rahmen.

Für eine Wegbeschreibung zu deinem Event könnte sich vielleicht ein einfacher Rahmen, wie zum Beispiel der in der Mitte anbieten.

SCHATZKISTE

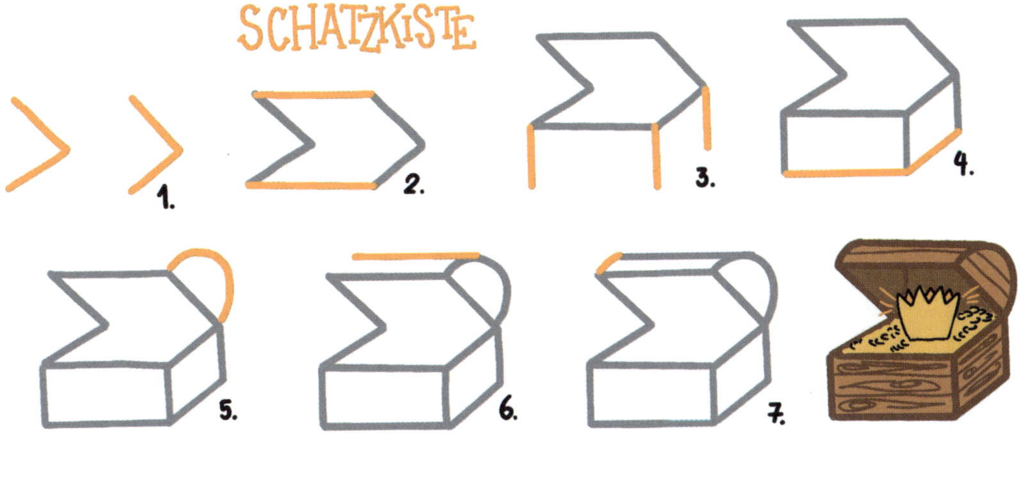

5.67 SCHLUCHT

Arbeitsanweisung/To-do

Produkt

Begrüßung, Strategie/Planung

VARIANTE

In vielen Lehr-, Lern- oder Arbeitsprozessen zeigt sich, dass der Abstand zwischen Theorie und Praxis schwer zu überwinden ist. Wenn man das erkennt, ist das auch schon mal ein guter Anfang.

Um diese Abweichungen darzustellen, eignet sich das Bild der Schlucht. Damit kannst du das Blatt horizontal oder vertikal in zwei Hälften teilen. Noch mehr Platz für eine besonders breite Schlucht hast du auf einer Pinnwand.

Du kannst eine Brücke über die Schlucht zeichnen, aber viel interessanter und bewährter ist es, wenn die Teilnehmer ihre Vorschläge zum Überwinden der Schlucht auf Klebezettel schreiben und diese an verschiedenen Stellen von der einen zur anderen Seite der Schlucht aneinanderreihen. So ergeben sich verschiedene Brücken, die du thematisch clustern kannst. Eine Brücke besteht vielleicht aus Materialien, während andere Brücken aus Fähigkeiten und Fertigkeiten zum Überwinden der Schlucht bestehen.

5.68 SCHNEEKUGEL

Begrüßung **Produkt**

Unternehmensstruktur, Wissensvermittlung/Information

VARIANTE

Wer würde nicht gerne in die Zukunft gucken und wissen, was geschehen wird? Eine Kristallkugel ist eine wunderbare Bildmetapher für die Unsicherheit, die die Zukunft bringen kann, und den Versuch, es trotzdem herauszufinden.

Oder du nimmst eine Schneekugel, deren verschleierte Sicht ein Synonym für die nicht klare Zukunft sein kann.

In Geschäftsprozessen möchte man sich ganz sicher sein. Da das nicht geht, möchtest du dir so gut wie möglich einen Überblick verschaffen. Eine Zauber- oder Wunderkugel musst du dir daher mit eigenen Inhalten füllen. So kannst du für deine Veranstaltung zwei Flipcharts erstellen, das erste Motiv soll die Teilnehmer einladen, sich auf das Thema einzulassen, und enthält die Fragestellung als Basis der Diskussion oder Ideenfindung. Die Variante des Flipcharts dient dir als Textcontainer für die Ideensammlung. Auch hier kannst du entweder die Ideen der Teilnehmer auf Zuruf sammeln oder die Teilnehmer bitten, ihre Beiträge auf Klebezetteln zu notieren.

Wenn du oft am Flipchart arbeitest und mit krummen Kreisen nicht zufrieden bist, kannst du dir aus Pappkartons eine Reihe von Kreisvorlagen basteln. Einfach verschieden große Kreisobjekte (Schüsseln, Eimer, Teller, Topfdeckel) umzeichnen und ausschneiden. Oder du kaufst dir fertige Kreisvorlagen, die es für Flipcharts zum Beispiel bei Neuland gibt.

5.69 SCHRIFT

Arbeitsanweisung/To-do **Produkt**

Wissensvermittlung/Information

VARIANTE

Die Wirkung von Schrift solltest du nie unterschätzen. Eine Sache, die man beim Visualisieren schnell lernt, ist die Tatsache, dass es einfach nicht für alles eine Bildmetapher gibt. Sehr komplexe Sachverhalte oder auch vielschichtige Verfahren oder Produkte mit vielen modularen Teilen lassen sich nicht knackig und kurz auf eine kleine Visualisierung reduzieren. Da hilft dir Schrift ungemein. Sie ist manchmal aber auch einfach nur eine andere Art von Hingucker.

Sieh dir dafür das an, was du aufschreiben willst, und markiere für dich die wichtigen Worte. Und schon hast du, hier zum Beispiel nur mit Schwarz und einer Farbe, etwas sehr Auffälliges geschaffen. Nimm für die dicke Schrift unbedingt mindestens einen BigOne, wenn nicht sogar einen FatOne.

5.70 SCHRIFTROLLE

Arbeitsanweisung/To-do **Prozess**

Agenda/Pause, Ergebnis, Ideensammlung/Themenspeicher, Wissensvermittlung/Information

VARIANTE

So antiquiert es auch ist, wir stehen auf diese Schriftrolle als Symbol. Wir nutzen es besonders gerne, wenn wir zeigen wollen, dass es um viiiiieele Informationen geht, also eine lange Liste von To-dos, Ideen, Regularien oder was auch immer du auf deine Liste packst. Wenn es moderner zugehen soll, kannst du alternativ das Klemmbrett von Seite 191 nehmen oder ein Handy, Tablet oder ein Blatt Papier mit ein paar Pinnnadeln.

5.71 SCHRITTE

Arbeitsanweisung/To-do **Produkt**

Begrüßung, Ideensammlung/Themenspeicher

VARIANTEN

Das Flipchart mit Schritt-für-Schritt-Aufzählungszeichen kann den Abschluss des Workshops mit der Festlegung konkreter Ziele erleichtern.

Ich habe dieses Flipchart am Ende einer Veranstaltung schon mal auseinanderschneiden lassen, damit jeder Teilnehmer im Raum jeweils einen nächsten Schritt mit nach Hause nimmt. Diesen Schritt setzt man entweder selbst um oder jemand anderes bekommt diese Aufgabe.

Der Teilnehmer mit dem entsprechenden Papierabschnitt unterstützt oder kontrolliert die Umsetzung. So lassen sich zum Beispiel auch Lernpartnerschaften bilden.

Das Flipchart auf der gegenüberliegenden Seite kann als Willkommens-Flipchart eingesetzt werden, um das Workshopthema bereits beim Betreten des Veranstaltungsraums anzuteasern. Es weist darauf hin, was als Ergebnis des Tages erwartet werden darf.

Neben menschlichen Spuren kannst du die Auswertung auch anhand tierischer Spuren vornehmen. Hier kannst du die Antworten noch mehr präzisieren lassen.

Dabei ist es oft auch nicht leicht, die Spuren zu deuten. Klar, ich kann sicher die Spuren eines Vogels, von denen eines menschlichen Fußabdrucks unterscheiden, bei allen anderen Spuren hilft sicher Google. Aber es ist auch interessant, mit anderen dazu ins Gespräch zu kommen, um welche Spuren es sich jeweils handelt und welche Verbindung man selbst dazu hat.

5.72 SEGELSCHIFF

Agenda/Pause **Prozess**

Agenda/Pause, Begrüßung, Unternehmensstruktur, Wissensvermittlung/Information

VARIANTE

Die Metapher des Fahrtaufnehmens ist allgegenwärtig. Wind in den Segeln zu haben, kommt noch dazu. Das alles macht ein Segelschiff zu einem positiv besetzten Bildsymbol für Agenda, Kick-off etc. Jedes Segel kann dabei für einen Tagesbereich stehen oder für eine Prozessphase oder einen Produktaspekt.

Wer es etwas draufgängerischer mag, nimmt einfach ein Piratenschiff inklusive Totenkopf-Flagge.

Die schwarzen Segel zeichnest du mit einem FatOne mit Acryltinte gefüllt oder, wenn es schnell gehen muss, mit Outliner-Tinte (Permanent-wasserfest) gefüllt. Mit einem weißen Acrylmarker schreibst und zeichnest du dann auf die schwarzen getrockneten Flächen.

5.73 STADT DER ZUKUNFT

Arbeitsanweisung/To-do

Produkt

 Ideensammlung/Themenspeicher

VARIANTE

Raketen, Roboter und futuristische Bauwerke sind für uns typische Symbole für die Zukunft. Eigentlich gibt es all das schon, aber irgendwie ist es immer noch etwas irreal.

Wenn du mit einem hellgrauen Stift ein größeres Bild in den Hintergrund zeichnest, kannst du ohne Probleme mit Schwarz drüberschreiben und man sieht es trotzdem.

5.74 STADTANSICHTEN

Wissensvermittlung/Information **Produkt**

Begrüßung

VARIANTEN

Menschen werden gerne emotional abgeholt, daher finden es viele Teilnehmer cool, wenn die Stadt, in der eine Veranstaltung stattfindet, auch auf dem Willkommenschart zu sehen ist. Meistens ist es ja entweder ihre Stadt, in der sie leben, oder eine Stadt, in die man für das Event gereist ist.

Ein oder zwei Wahrzeichen findet man eigentlich immer. Zum einfacheren Zeichnen nutze bei der Google-Bildersuche den Zusatz »Silhouette«, dann hast du nur die Umrisslinie und musst dich nicht um etwaige Details kümmern.

5.75 T-SHIRT

Arbeitsanweisung/To-Do **Produkt**

Standortbestimmung, Wissensvermittlung/Information

BILDSYMBOLE

T-Shirts sind eine gute Möglichkeit, die eigenen Stärken in einer Vorstellungsrunde oder einem Bewerbungsprozess darzustellen. Dafür solltest du 15 bis 20 Minuten Vorbereitungszeit für die Teilnehmer einplanen.

Wenn das T-Shirt für eine Vorstellungsrunde eingesetzt wird, dann kannst du es langsam und Schritt für Schritt nachvollziehbar am Flipchart vorzeichnen. Die Teilnehmer zeichnen es ab. Im Fokus können hierbei die folgenden Fragen stehen, deren Antworten in die Mitte des Shirts geschrieben oder gezeichnet werden:

- Was ist dein Motto?
- Welche dringende Frage zum Thema möchtest du hier heute beantwortet bekommen?
- Welches sind deine drei Hashtags zum Tag?

Besonders interessant ist es, wenn die Übung in Großgruppen eingesetzt wird und die Flipcharts als Vernissage zum Flanieren aufgehängt werden. Dann sollten unbedingt auch Twitter- oder Instagram-Namen mit dazugeschrieben werden.

Je nach Gruppengröße kann auch eine mündliche Auswertung erfolgen.

5.76 TACHO

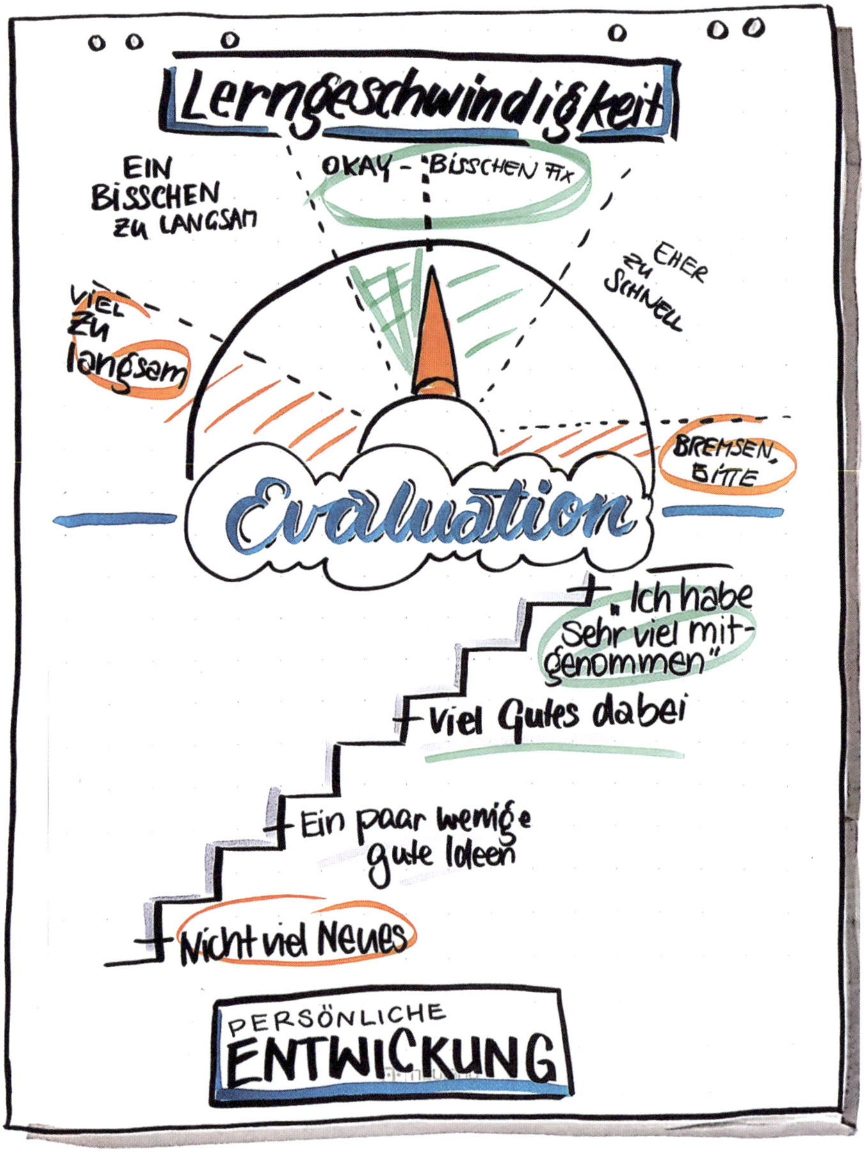

Evaluation/Feedback **Produkt**

Arbeitsanweisung/To-do, Ergebnis, Standortbestimmung

VARIANTE

Das Einzige, was ab und an stört, ist die vorgeschriebene Hochformatigkeit des Flipcharts. Manchmal brauchst du vielleicht einfach mal ein Querformat. Dann kannst du entweder einen drehbaren Flipchartständer benutzen oder du hängst dein Flipchartpapier mit Kreppband quer an Fenster, Wände oder Türen. Oder so wie in dieser Vorlage, du teilst das Blatt einfach in der Mitte und hast so zwei querformatige Flächen. In unserem Fall ist es eine Punktabfrage, da geht ohnehin jeder Teilnehmer ans Chart und Lesbarkeit aus der Distanz spielt keine Rolle.

Und übrigens: Hier hat sich der Fehlerteufel eingeschlichen. Wenn du in einer ungeübteren Schriftart schreibst, kann es schon mal vorkommen, dass du dich so sehr auf die einzelnen Buchstaben konzentrierst, dass dir einer verloren geht. Du kannst es einfach so lassen, solange es das Verständnis des Wortes nicht beeinflusst.

5.77 TAKE-AWAY

Arbeitsanweisung/To-do **Produkt**

Ideensammlung/Themenspeicher

VARIANTE

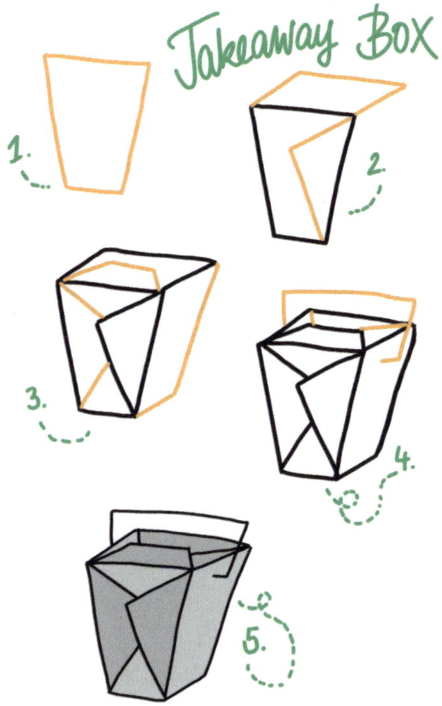

Eine bildliche Untermalung des Abschlusses einer Veranstaltung, bei dem es oft darum geht, was man gelernt hat und was man noch so mitnimmt, um es in den beruflichen oder sonstigen Alltag zu integrieren, ist oft sehr hilfreich. Du kannst natürlich den klassischen Koffer nehmen und nach dem Motto »Ich packe meinen Koffer« füllen. Oder du nimmst das Doggy-Bag aus dem Restaurant, wo das eher für die Sachen steht, die man nicht geschafft hat. Ich persönlich mag einfach die Form der typischen Take-away-Boxen aus dem Asia-Restaurant. Die Strich-für-Strich-Anleitung sollte dir helfen, sie gut auf das Chart zu bekommen.

5.78 TASCHEN

Wissensvermittlung/Information **Produkt**

Arbeitsanweisung/To-do

VARIANTE

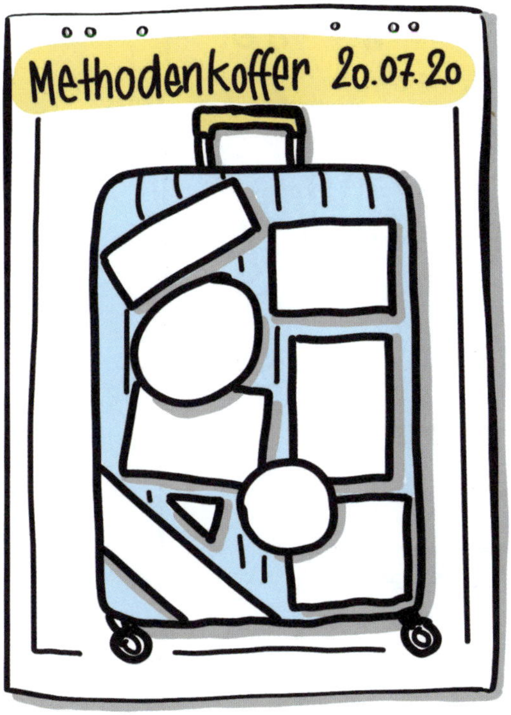

Im Laufe der Zeit sammeln sich in deinem Repertoire viele Methoden an, die dir dabei helfen, ein guter Gastgeber in Seminaren oder auf Events zu sein.

So spannend eine große Methodenvielfalt auch ist, den Methodeneinsatz machst du sowohl von der Zielgruppe, als auch vom zeitlichen Konzept der Veranstaltung abhängig. Für die unterschiedlichsten Veranstaltungen können wir uns dann mit unterschiedlich großen »Methodentaschen« ausstatten, um anschaulich und aktivierend mit unseren Teilnehmern zu arbeiten. Manchmal reicht die Clutch, weil es nur ein paar kurze Methodentipps sind. Manchmal ist es eine Aktentasche voller Methodentipps, die du mit nach Hause nehmen kannst.

Für andere Veranstaltungen brauchst du wiederum einen gut gefüllten Methodenkoffer, wie du ihn schon auf der Seite 219 gesehen hast.

Vielleicht bist du auch moderner und hast einen Trolley, der mit Aufklebern versehen ist, die schon vorab zeigen, was sich darin befindet? Dann wissen deine Teilnehmer, was sie hier bei dir lernen können.

Das kannst du dann auch wieder mit einer Aktivität verknüpfen, indem du Klebepunkte an deine Teilnehmer verteilst. So können sie entweder mit ihnen bereits bekannte Methoden punkten oder sie markieren, welche der Methoden sie gerne einmal ausführlich ausprobieren möchten.

5.79 TORTE

Unternehmensstruktur **Prozess**

Agenda/Pause, Begrüßung, Wissensvermittlung/ Information

VARIANTE

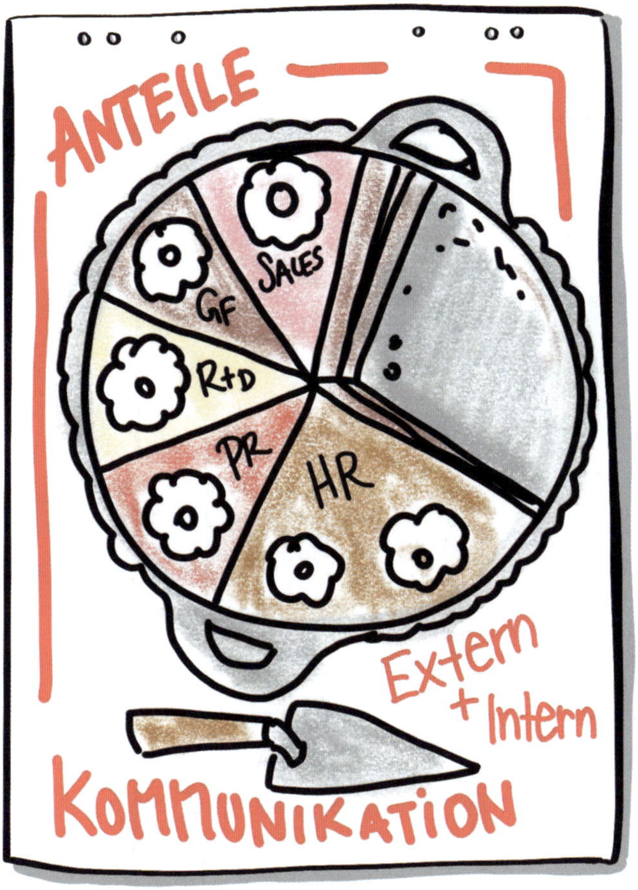

Tortendiagramme waren zu früheren Zeiten, als Excel noch wichtig war, ein gern genutztes Motiv, um Anteile und Verhältnismäßigkeiten darzustellen. Im Zeitalter der Visualisierung und der unbegrenzten Möglichkeiten kannst du diesem althergebrachten Diagramm wieder zu mehr Pep und neuem Leben verhelfen. Warum immer nur die Torte von oben nehmen? Manchmal ist bei einer seitlichen Darstellung auch noch eine Prozessebene möglich, eine Chronologie oder ein Organigramm. Probiere es mal aus. Und wenn es doch klassisch sein soll, nutze eine Torte von oben, aber wie wäre es mit ein paar Sahnetupfern und Kirschen?

5.80 TÜR

Begrüßung **Produkt**

Agenda/Pause, Wissensvermittlung/Information

VARIANTE

Eine offene Tür ist ein perfektes Symbol für »Willkommen, tretet ein!« Außerdem hast du noch zahlreiche Orte für weitere Informationen:

Der Platz in der geöffneten Tür, ein Schild an der Tür, der Sturz über der Tür oder die Fußmatte bieten sich für verschiedene Informationsaspekte an.

5.81 TV-PROGRAMM

Agenda/Pause **Produkt**

Begrüßung, Wissensvermittlung/Information

VARIANTE

Wenn wir beim Thema Zeitschrift oder Zeitung bleiben, dann denken wir auch an deren Cover. So ein Cover eignet sich sehr gut, um sowohl als Vorstellungsmethode als auch für die Darstellung in Bewerbungssituationen eingesetzt zu werden.

So ein TV-Programm wie du auf der gegenüberliegenden Seite sehen kannst, eignet sich gut, um einen Programm- oder Projektüberblick zu geben und sogar kurz und knapp Orgafragen zu beantworten.

5.82 UHREN

Strategie/Planung **Prozess**

Arbeitsanweisung/To-Do, Unternehmensstruktur

VARIANTE

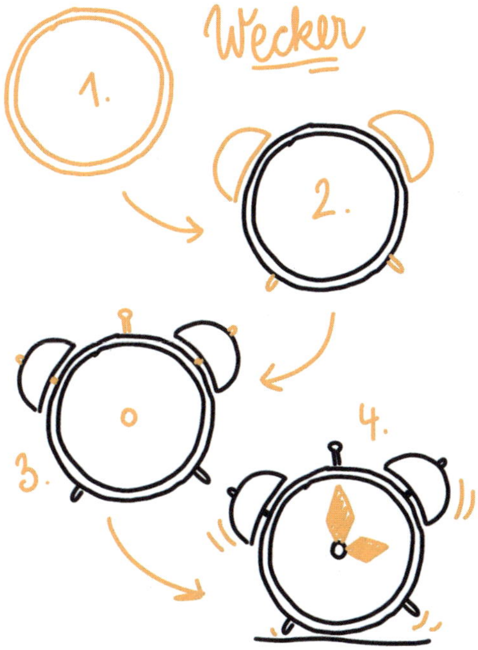

Oft gibt es in Projekten eine Unterteilung in kurzfristig, mittelfristig oder langfristig. Du kannst das sehr gut visuell untermalen, indem du dir für alle drei Varianten ein eigenes Bildsymbol überlegst. Stoppuhr – Wecker – Standuhr ist eine mögliche Visualisierung, Wecker – Abreißkalender – Jahresplaner eine andere. Eine ähnliche Dreiteilung findest du übrigens auch bei dem Chart mit den geografischen Angaben lokal – national – global auf Seite 227. Hast du andere mehrstufige Messverfahren? Überlege dir, welche Symbole aus dem Bereich der realen Objekte hier genutzt werden könnten.

5.83 VESPA

Begrüßung **Produkt**

Wissensvermittlung/Information

Eine Vespa ist von allen Zweirädern wahrscheinlich das mit dem coolsten Image. Zeichnerisch ist es eine kleine Herausforderung, aber mit ein wenig Übung und der Strich-für-Strich-Anleitung sollte es hinhauen. In unserem Beispiel haben wir es als Symbol für Nachhaltigkeit genommen – mit einem Stecker als Zeichen für E-Mobilität. Es hat aber auch immer einen Hauch von Urlaub und La Dolce Vita.

5.84 WACHSTUMSZYKLUS

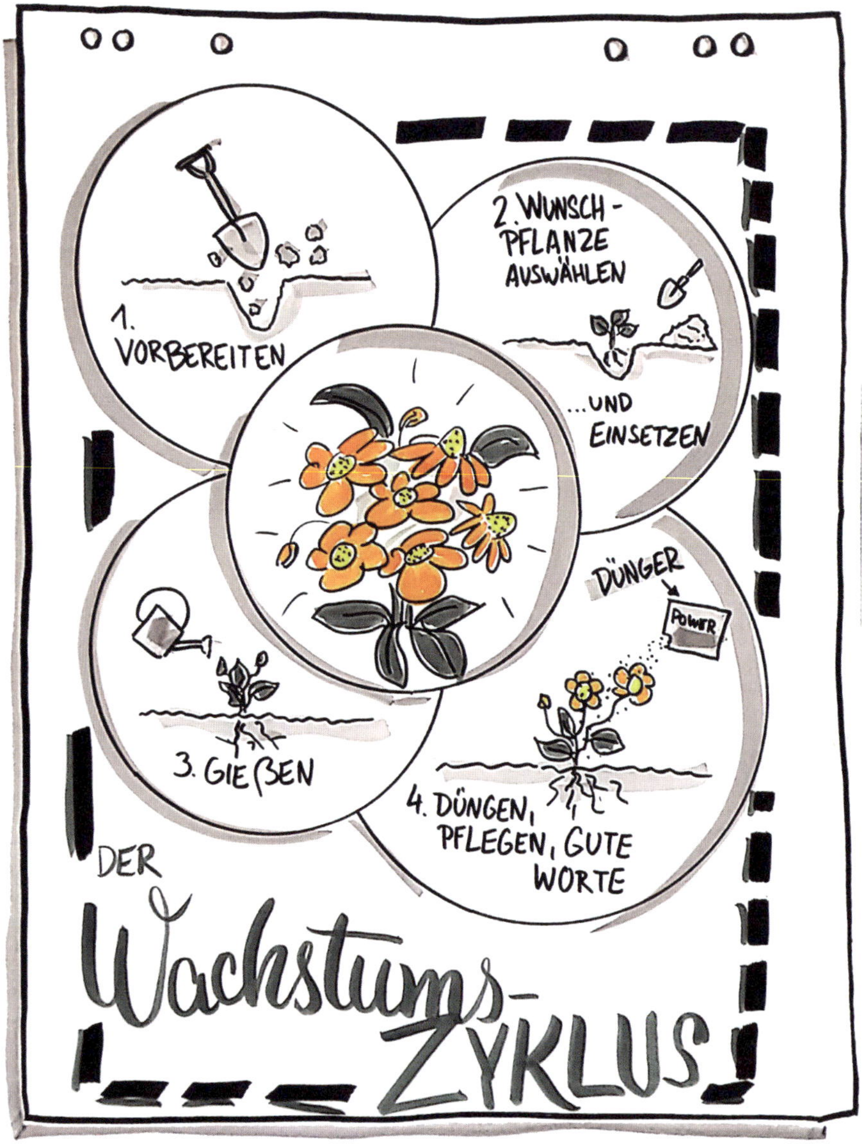

Strategie/Planung **Prozess**

Wissensvermittlung/Information

VARIANTE

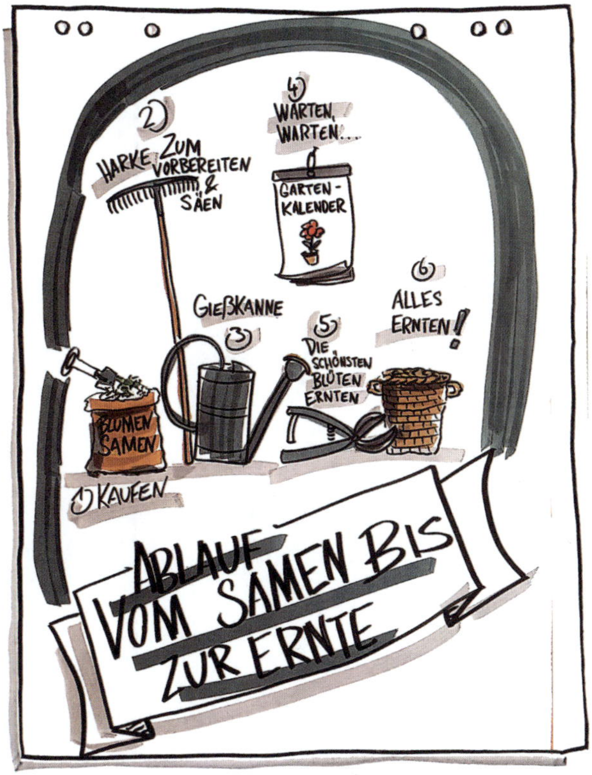

Viel einfacher als der Entwicklungsprozess des Menschen (s. Seite 149) oder der Exkurs zum Bootsbau (s. Seite 135) ist der pflanzliche Entwicklungsprozess. Wer hat nicht schon mal versucht, eine Pflanze zum Wachsen zu bringen? Mindestens aus der Schule sollte der Prozess den meisten bekannt sein. Sicher hat dieser Prozess mehr als fünf Schritte, aber bei diesem Motiv kommt es darauf an, den Überblick zu behalten und einen Prozess oder Zyklus zu beschreiben. Das kann ein Team- oder Produktentwicklungsprozess sein.

Besonders gut lässt sich das Motiv für die Analyse eines Teamentwicklungsprozesses einsetzen. Es hilft dir, das Thema einzukreisen, um es auf einzelne Aspekte herunterzubrechen und so schneller zum Kern des Themas vorzudringen.

5.85 WECKER

Strategie/Planung **Prozess**

Agenda/Pause, Evaluation/Feedback

VARIANTE

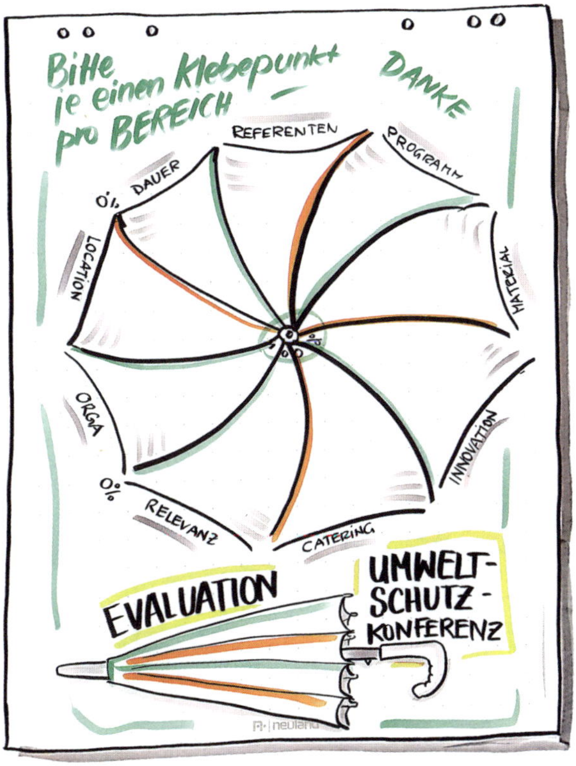

Wie bereits bei der »Glühlampe« auf Seite 171 erwähnt, mögen wir es, ab und zu mit großen Bildsymbolen als Rahmen zu arbeiten. Das funktioniert auch gut, wenn du die Bildrahmen mit Diagrammen verknüpfst. In diesem Fall ist es der Wecker, den wir in seiner zwölfstündigen Aufteilung einfach mal zum Hilfsmittel für ein Jahr umgenutzt haben. Das Gleiche kannst du mit allen möglichen anderen Symbolen machen. Wenn du etwas findest, was passt, nutze es aus wie z.B. ein Geldsack für Finanzplanung oder Budgetverteilung, ein Monitor für Unterseiten einer Webseite oder ein Setzling für Module einer Nachhaltigkeitsstrategie.

Ein weiteres passendes Motiv sind Schirme. Sie haben eine sehr positive Symbolik. Sie sind gemacht, um vor Sonne oder Regen zu schützen oder stehen personifiziert als Schirmherr oder -herrin für jemanden, der sich für etwas einsetzt und es unterstützt. Durch seine runde Grundform bietet er sich super als Hilfsmittel für Evaluationsvisualisierungen an. Du kannst die Anzahl der einzelnen Bereiche sehr variabel gestalten.

5.86 WEGWEISER

Agenda/Pause **Produkt**

Begrüßung, Ergebnis

VARIANTEN

Wegweiser sind ähnlich wie Klemmbretter eine tolle visuelle Untermalung, wenn du nicht allzu viel schreiben musst.

Ein Wegweiser hilft auf den ersten Blick, alles zu zeigen, gibt eine Richtung vor und ist ein echter Hingucker. Der Wegweiser auf der gegenüberliegenden Seite ist am Route-66-Schild orientiert. Oben findest du auch noch einen anderen Wegweiser und ein Roll-up als Variante.

5.87 WERKZEUG

Wissensvermittlung/Information **Produkt**

Arbeitsanweisung/To-do

BILDSYMBOLE

Uns fällt kein Bereich ein, in dem es nicht um Werkzeuge oder Tools geht. So ein Flipchart zum Beispiel, das ist ein wichtiges Tool in jedem Seminarraum, finden wir.

Wie du diese Werkzeuge nutzt, bleibt dir überlassen. Vielleicht sind deine Werkzeuge eher Fähigkeiten, Fertigkeiten oder Ideen. Manchmal braucht es auch einfach nur Materialien. Wer weiß, vielleicht arbeitest du aber auch wirklich mit genau diesen Werkzeugen?

5.88 WETTER

Standortbestimmung **Produkt**

Agenda/Pause, Begrüßung, Ergebnis, Ideensammlung/Themenspeicher, Wissensvermittlung/Information

VARIANTEN

Das liebe Wetter. Es ist die einfachste Möglichkeit, mit Menschen ins Gespräch zu kommen. Im Training oder in der Moderation ist es ebenfalls ein dankbares Thema für einen guten Einstieg, denn im Gegensatz zum Small Talk können wir hier am Ende ganz schön tief und wirksam einsteigen. Dabei ist das Wetter auch noch so herrlich variabel.

5.89 ZITRONENSCHEIBE

Agenda/Pause **Produkt**

Ergebnis, Evaluation/Feedback, Ideensammlung/Themenspeicher, Standortbestimmung

VARIANTE

Hast du spritzige frische Inhalte für dein Thema? Dann fülle die Zitronenscheibe mit fachlichen Themen. Wenn du einfach eine Agenda erstellst, dann gib an, wie viele Inhalte deine Teilnehmer zu jedem der Themen erwarten dürfen. Eine Zitronenscheibe kann ein Ausschnitt oder ein Teilthema sein. Eine ganze Zitrone könnte für eine umfassende Information stehen.

UND
Tschüss
ACH · NEEE! STOPP!
Kommando
ZURÜCK
Wir haben
DA noch · WAS

ZUM
Abschluss
KLEINE
Tipps

So, nun hast du dir eine ganze Flut von Vorlagen angesehen, vielleicht auch ein paar Strich-für-Strich-Anleitungen ausprobiert und eventuell auch schon erste Ideen gehabt, wie du deine eigenen Themen umsetzen könntest. Perfekt.

Wir wollen dir den Start in deine Flipchart-Romanze so leicht wie möglich machen – und deswegen sind hier noch einige Hinweise, um vom Anschauen und Skribbeln ins Tun zu kommen.

ÜBUNG MACHT DEN MEISTER

Übe, wann immer sich die Gelegenheit bietet. Sei mutig und lege einfach los. Jemand wird gesucht, der beim nächsten Meeting die Herrschaft über das Flipchart bekommt? Nimm die Herausforderung an. Eine Präsentation steht ins Haus? Nutze doch einfach mal Flipcharts statt PowerPoints und schau, was das mit deiner Zuhörerschaft macht. Du wirst sehen, je öfter du es machst, desto einfacher wird es und umso mehr Spaß wirst du haben.

VERGISS DEN PERFEKTIONISMUS

Mit großer Sicherheit finden deine Mitstreiter deine Flipcharts toll und freuen sich über die Möglichkeit, dem sprichwörtlichen Tod durch PowerPoint ein Schnippchen zu schlagen Nimm dieses Lob an und freue dich darüber. Solltest du denken, dass du an der einen oder anderen Stelle noch Luft nach oben hast: okay, es schadet nie, sich kontinuierlich entwickeln zu wollen, aber akzeptiere, dass du mit dem ersten Chart bereits etwas leistest und bewegst.

DIE FLIPCHART-FIBEL

Eine letzte Sache, die aber besonders am Anfang wahnsinnig hilfreich ist, ist das Anlegen eines kleinen Heftchens – wir nennen es deine Flipchart-Fibel – oder, wenn du lieber digital unterwegs bist, einen Ordner in deinem Handy (die App Evernote bietet sich dafür zum Beispiel an, denn hier kannst du einfach verschlagworten und findest so deine Sachen auch gut wieder).

Meine, also Tanjas erste Fibel war nur A7 groß. Drinnen gesammelt habe ich eine wilde Mischung aus kleinen Bildsymbolen und ganzen Flipcharts, die ich im Miniformat abgemalt habe und so immer dabeihatte. Sammelst du deine Ideen digital, musst du deine Inspirationsquellen, Bildsymbole oder Flipcharts dann einfach nur abfotografieren.

Durch das kleine Format hatte ich meine Fibel immer dabei. Zu Beginn meiner aktiven Flipchartzeit nannte ich nur ca. sieben oder acht Marker mein Eigen und sie waren tatsächlich mein Schatz. Ich bewahrte sie in einer Reißverschlusstasche auf und darin waren auch immer Bleistift, Radierer und eben die kleine Fibel.

Meine, also Sandras erste Fibel war ein alter Kalender, den ich statt mit Terminen mit Zeichnungen und Flipcharts füllte. Meistens machte ich das im Zug, auf dem Weg zum Training, so dass ich gleich loslegen konnte, wenn ich am Seminarort ankam. Im Training wurden dann – wenn möglich – alle Flipcharts abfotografiert und in verschiedenen Ordnern auf dem PC gesammelt. Wenn man diese Ordner dann nach Jahren mal wieder durchsieht, dann findet man einerseits ein paar tolle Schätze und andererseits kann man deutlich die Entwicklung der eigenen Fähigkeiten und des eigenen Stils beobachten. Spannende Sache. Heute sammle ich fast alle Flipcharts, die ich teilen darf, in Pinterest.

Du kannst natürlich auch dieses Buch mitnehmen, das ist auf jeden Fall hilfreich, vor allem am Anfang. Wenn du aber fortgeschrittener bist, willst du vielleicht auch eigene Designs ergänzen und dann hast du gleich den Platz, wo alles hinkommen kann.

Die Vorteile:

- Du hast immer eine für dich passende Auswahl an Flipchart-Ideen zur Hand. Maßgeschneidert für deine Anforderungen.
- Du weißt, dass du sie alle schon einmal zu Papier gebracht hast, das heißt, in deiner Fibel sind nur Vorlagen, die du auch beherrschst.
- Du kannst auch neue Ideen dort hineinzeichnen und hast somit alles an einem Ort.
- Du sammelst deine Bildsymbole auch alle hier.

- Du nimmst am besten ein wirklich kleines Notizbuch, das du immer mit in der Tasche oder der Aufbewahrung hast, in dem du auch deine Flipchart-Stifte hast.

So nun bleibt uns beiden nur noch, dir ganz viel Spaß zu wünschen und zu hoffen, dass du Flipcharts genauso liebst, wie wir es tun. Wir sind fest davon überzeugt, dass diesem Medium noch eine lange Zukunft bevorsteht, und freuen uns, möglichst viel zu sehen.

Wenn du magst, zeige uns und anderen deine Werke auf Instagram unter dem Hashtag #flipchartvorlagenbuch und verlinke uns beide. Wir freuen uns sehr, deine Sachen zu sehen.

Sandra Dirks findest du unter @sandradirks_de

Tanja Wehr findest du unter @sketchnotelovers

INDEX

F

J

K

L

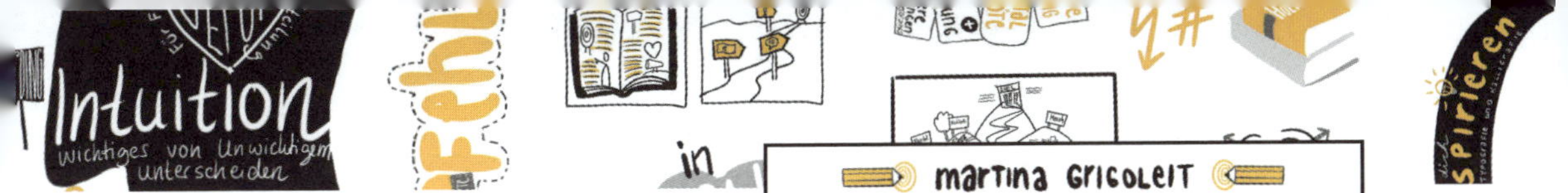

Martina Grigoleit

Graphic Recording

Das 1x1 der Live-Visualisierung

Voraussetzungen und organisatorische Vorbereitung: von Preisgestaltung über Auftragsklärung bis hin zu Soft Skills

Grundlagen zu Aufbau und Struktur eines Graphic Recordings

Überblick über die wichtigsten Konferenz-, Workshop- und Moderationsmethoden mit ihren jeweiligen Herausforderungen

Graphic Recording ist ein Trendthema, das in den letzten Jahren immer populärer geworden ist. Dabei werden – vor Ort oder auch remote – in Echtzeit Inhalte aus Workshops, Meetings oder Konferenzen mit einer Kombination aus Bild und Text sichtbar gemacht, so dass ein visuelles Protokoll entsteht, egal ob auf Papier oder digital.

Das Buch bietet einen umfassenden Überblick darüber, was man wissen muss, um als Graphic Recorder*in zu arbeiten: angefangen bei Preisgestaltung und Auftragsklärung über die innere Haltung und perfekte Vorbereitung bis hin zu Aufbau und Struktur des Blattes.

Darüber hinaus beschreibt Martina Grigoleit alle wesentlichen Einsatzgebiete von Graphic Recordings sowie verschiedene Konferenz-, Workshop- und Moderationsmethoden mit ihren unterschiedlichen Herausforderungen.

So bist du optimal auf deinen Einsatz als Graphic Recorder*in vorbereitet und kannst deinen Kunden ein bestmögliches Ergebnis liefern.

Probekapitel und Infos erhalten Sie unter:
www.mitp.de/0266

ISBN 978-3-7475-0266-2

Holger Nils Pohl | Benjamin Dammeier

Menschen & Emotionen

Schritt für Schritt zeichnen

Die große Bibliothek mit 200 Motiven

Schritt-für-Schritt-Zeichnungen:
Jede Figur und jede Emotion wird Strich für Strich gezeigt – ideal für Einsteiger und Fortgeschrittene

Ausdruck statt Perfektion:
Menschen mit einfachen Mitteln lebendig darstellen und Emotionen sichtbar machen

Vielseitig einsetzbar:
Direkt nutzbare Motive für Visualisierungen, Comics, Bullet Journals, Flipcharts, Sketchnotes, Präsentationen, persönliche Notizen u.v.m

Menschen zu zeichnen, gehört zu den spannendsten, aber auch anspruchsvollsten Themen beim Zeichnen. Der Autor zeigt dir, wie es ganz einfach gelingt. In leicht nachvollziehbaren zweifarbigen Schritt-für-Schritt-Anleitungen lernst du, 200 Menschen und Emotionen ausdrucksstark darzustellen – in unterschiedlichen Alltagssituationen, Bewegungen und mit Gefühlsausdrücken.

Egal, ob du gerade erst mit dem Zeichnen beginnst oder deinen Stil weiterentwickeln möchtest: Mit wenigen Linien entstehen Figuren, die Bewegung, Haltung, Gestik und Stimmung auf den Punkt bringen. Die Motive sind bewusst so gestaltet, dass sie sich direkt im Alltag einsetzen lassen – ohne langes Üben oder komplizierte Techniken.

Ein praxisnahes Zeichenbuch für alle, die Menschen zeichnen, Emotionen darstellen und ihre Visualisierungen lebendiger machen möchten.

Probekapitel und Infos erhalten Sie unter:
www.mitp.de/1184

ISBN 978-3-7475-1184-8

Sandra Dirks

Bessere Online-Workshops und -Events

Richtig planen und interaktiv gestalten

- **Der optimale Ablaufplan für dein Online-Event**
- **Der Einsatz wichtiger Features wie Gruppenarbeitsräume und Co.**
- **Hybride Meetings erfolgreich durchführen**

Du bist selbstständig und willst dein Wissen in Online-Events oder -Seminaren vermitteln? Du möchtest wissen, wie du deine Online-Veranstaltung optimal planst und durchführst und kreativ gestaltest? Dann ist dieses Buch genau richtig für dich. Sandra Dirks gibt dir in diesem Buch alle Zutaten für ein erfolgreiches Online-Event an die Hand.

Du erhältst einen klaren Leitfaden für deinen Ablaufplan: vom Onboarding deiner Teilnehmenden über das interaktive Vermitteln und Wiederholen von Inhalten bis hin zur Nachbetreuung. Dem Einsatz von Gruppenarbeitsräumen und hybriden Meetings sind separate Kapitel gewidmet.

Außerdem erfährst du, welche Funktionen notwendig sind und mit welchen Features du deine Veranstaltung optional aufpeppen kannst, ohne dich und deine Teilnehmenden technisch zu überfordern. Dabei geht es darum, deine Teilnehmenden mit überschaubarer Technik und vorhandenen Funktionen abzuholen, so dass Sie schnell ins Lernen und Umsetzen kommen.

Zu allen Themen findest du Checklisten und zahlreiche praktische Tipps sowie am Ende ein Kapitel zu typischen Fallstricken.

So bist du für deine Online-Events optimal gerüstet und kannst diese zukünftig erfolgreich planen und durchführen, so dass deine Teilnehmenden gerne mit dir live online lernen.

ISBN 978-3-7475-0316-4

Probekapitel und Infos erhalten Sie unter:
www.mitp.de/0316

Mike Rohde

Das Sketchnote Handbuch

Der illustrierte Leitfaden zum Erstellen visueller Notizen

"Mike Rohde lässt seinen Worten Taten folgen: Dieses wunderbare, einfache Buch bietet alles, was man benötigt, um Sketchnotes wie ein Profi zu erstellen. Das Sketchnote Handbuch ist *die* Referenz für eine neue, praktische und innovative Disziplin!"
— Dave Gray, Autor von "The Connected Company", Co-Autor von "Gamestorming"

"Etwas Magisches geschieht, sobald man Bilder und Worte zu Notizen kombiniert. In diesem sympathischen und ermutigenden Buch verrät der Sketchnote-Meister Mike Rohde seine Geheimnisse, so dass jeder seine Tricks stehlen kann, um selbst Ideen mit Stift und Papier festzuhalten."
— Austin Kleon, Autor von "Steal Like an Artist"

Probekapitel und Infos erhalten Sie unter:
www.mitp.de/8203

ISBN 978-3-8266-8203-2

Tanja Wehr

Die Sketchnote STARTHILFE Neue Bilderwelten

Umfangreicher Business- und Sketchnote-Bilderwortschatz

Über 300 neue Bildvokabeln

Für Flipcharts, Meetings, Bullet Journals u.v.m.

Mit den bewährten zweifarbigen Strich-für-Strich-Anleitungen

Du hat schon erste Sketchnotes erstellt und bist auf der Suche nach weiteren Bildsymbolen? Du findest es schwierig, selber ganz neue Icons zu kreieren? Oder du brauchst Ideen, wofür du einzelne Symbole gut einsetzen kannst? Dann ist dieses Buch eine Goldgrube für dich.

In 25 Bilderwelten findest du über 300 neue Bilder zum Nachzeichnen anhand von Tanjas bewährten zweifarbigen Strich-für-Strich-Anleitungen.

Zusätzlich findest du zu jedem Symbol eine Auflistung von Begriffen und Metaphern, für die du das Bild einsetzen kannst.

Ein umfangreicher Index mit allen Symbolen und den dazugehörigen Einsatzmöglichkeiten macht das Buch zu einem hilfreichen Nachschlagewerk.

Das Buch dient dir als umfangreiche Inspirationsquelle sowohl zum Zeichnen als auch für den konkreten Einsatz der Symbole. So kannst du deinen Bildwortschatz erweitern und zahlreiche Ideen für deine eigene Bildsprache finden.

ISBN 978-3-95845-507-8

Probekapitel und Infos erhalten Sie unter:
www.mitp.de/507

Heike Haas

FLIPCHART

Das Praxisbuch

für Einsteiger

Jeder kann zeichnen und mit einfachen Mitteln einprägsame Flipchart-Poster erstellen

Zahlreiche Tipps für schöne Gestaltung und übersichtliche Strukturierung sowie Vorlagen für den praktischen Einsatz

Gezielte Materialtipps sowie Zeichenübungen für Visualisierungen, die im Handumdrehen gelingen

In diesem Buch zeigt dir Heike Haas, wie du mit ganz einfachen Mitteln gut strukturierte und einprägsame Flipchart-Poster erstellst – und dabei kommt es nicht darauf an, zeichnen zu können. Du wirst sehen, wie schnell auch du ansprechende und professionelle Poster zauberst.

DAS ALLES LERNST DU:

- Wichtige Materialien – von gutem Papier bis hin zu den besten Stiften
- Leserliche Schrift und übersichtliche Texte – worauf du achten musst und wie du schön und deutlich schreibst
- Elemente einfach zeichnen:
  - Textboxen, Pfeile und Bulletpoints
  - ausdrucksstarke Piktogramme und Bildsymbole
  - zahlreiche verschiedene Figuren sowie deren Körperhaltung und Mimik
  - Tiere und deren Bedeutung im Kontext
- Farbe, Schatten und spezielle Effekte wie das Zeichnen von Bewegung u.v.m.
- Inhalte auf das Wesentliche reduzieren
- Mit der Kombination von Bildern zusätzliche Bedeutung schaffen wie z.B. für Redewendungen

Darüber hinaus findest du viele Vorlagen, die du für deine eigenen Poster übernehmen kannst: Brainstorming, Agenda, Feedback, Maßnahmenpakete in Meetings, Visionen u.v.m.

Mit zahlreichen Zeichenübungen, Tipps und Hinweisen lernst du ganz praktisch, wie du Inhalte für Flipcharts visualisierst. So verlierst du schnell die Angst vor dem weißen Blatt Papier.

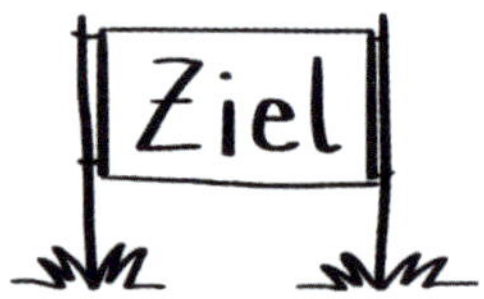

ISBN 978-3-95845-677-8

Probekapitel und Infos erhalten Sie unter:
www.mitp.de/677